U0066149

# 俯視
# 藍色星球

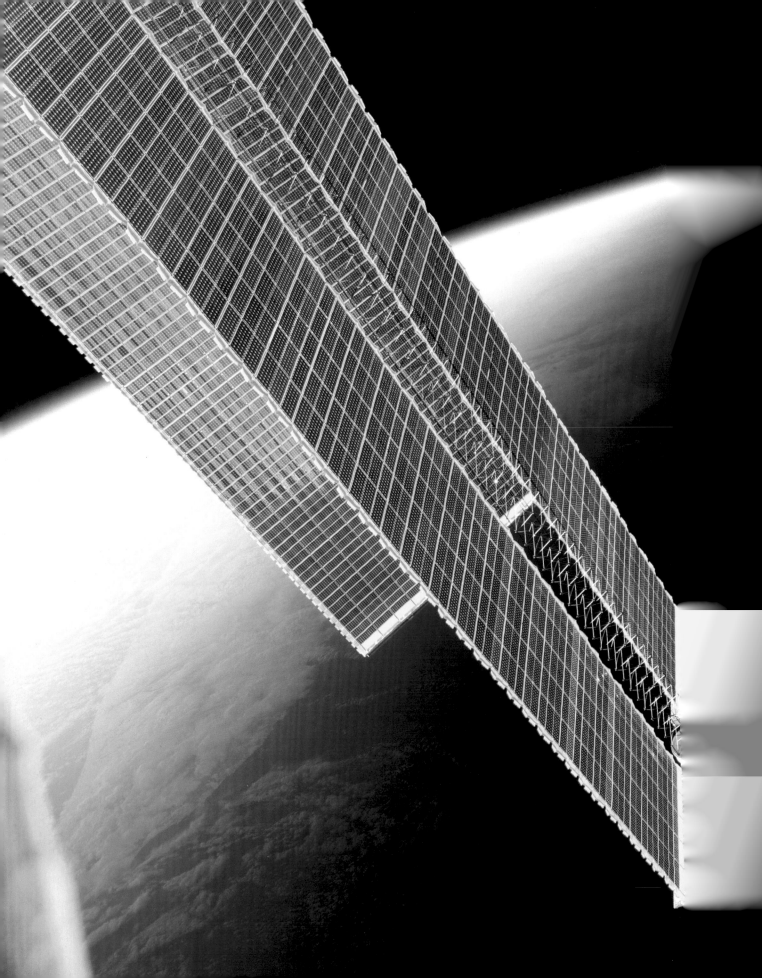

# 俯視
# 藍色星球

## 一位NASA太空人的400公里高空攝影紀實

作者──泰瑞・維爾茲 Terry Virts, 國際太空站指揮官

序言──巴茲・艾德林 Buzz Aldrin

翻譯──周如怡

Boulder Media 大石文化

從國際太空站上看到的葉門
中部。亮紅色與橘色交織的
沙漠，與深色的山巒與火山
地形構成對比。

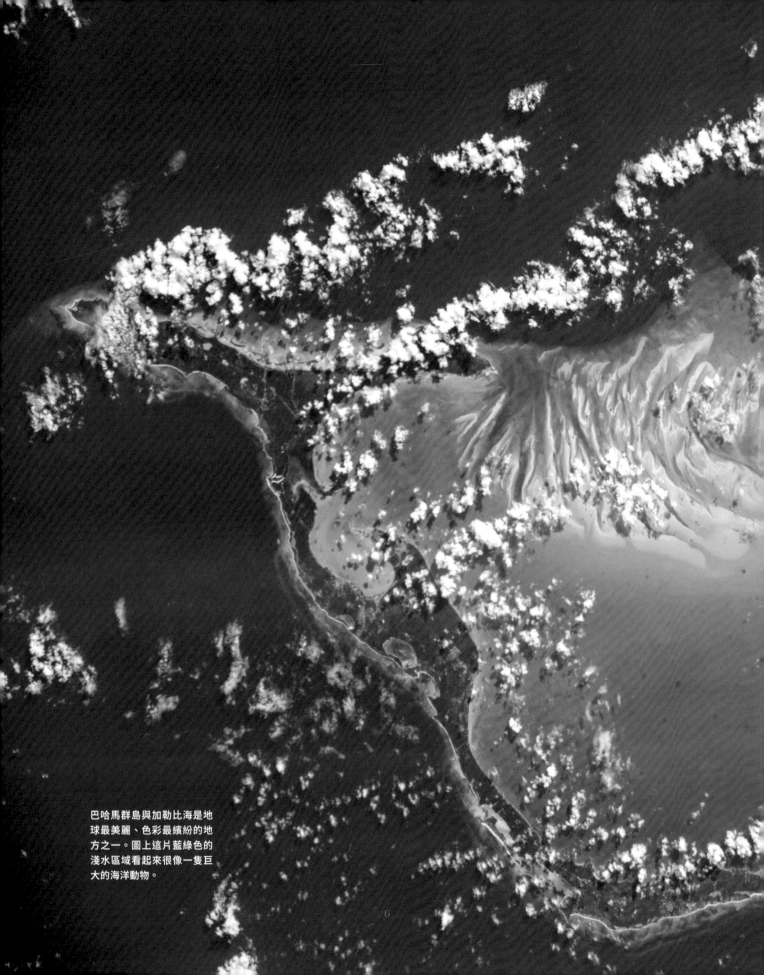

巴哈馬群島與加勒比海是地球最美麗、色彩最繽紛的地方之一。圖上這片藍綠色的淺水區域看起來很像一隻巨大的海洋動物。

6

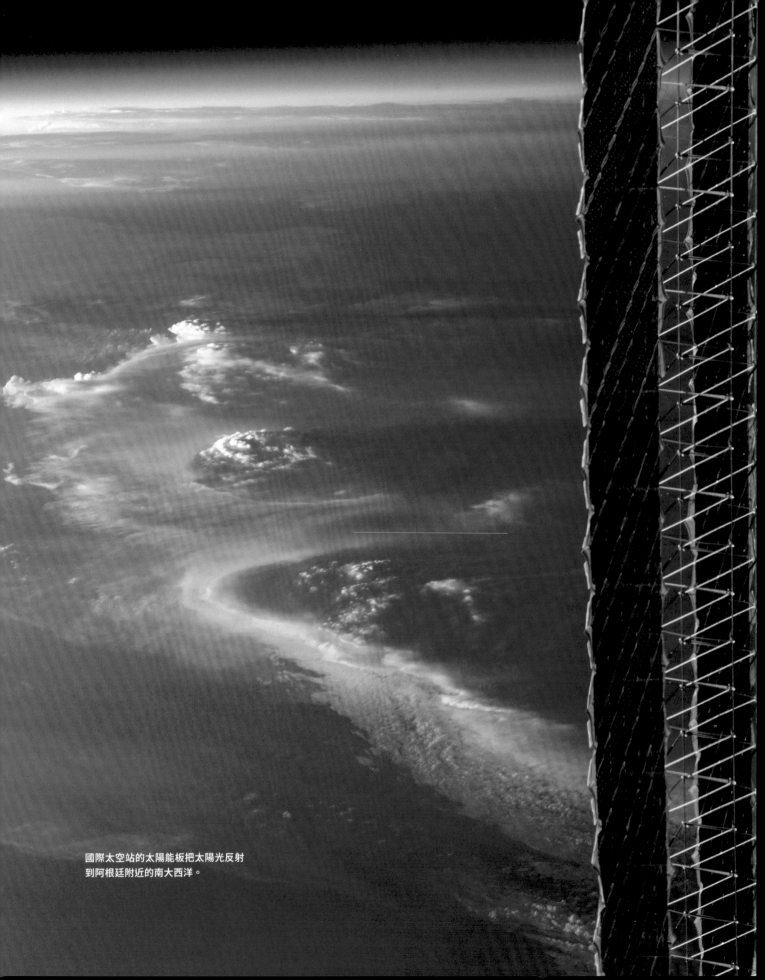

國際太空站的太陽能板把太陽光反射
到阿根廷附近的南大西洋。

# 目錄

序
巴茲・艾德林
16

前言
高空上的人生
20

國際太空站
26

太空任務年表
30

第一章
離開地球 · 36

第二章
白色世界 · 70

第三章
我們在宇宙中的位置 · 98

第四章
老家寄來的快遞 · 126

第五章
太空危機 · 152

第六章
繽紛色彩 · 170

第七章
太空漫步 · 204

第八章
人類世界 · 234

第九章
重返地球 · 258

尾聲：
返抵家園
288

謝誌
300

作者簡介
302

圖片出處
303

在俄羅斯西部紐克謝尼察區
（Nyuksensky）上空旋轉
的漩渦狀雲團。

冬天時局部積雪的美國大峽
谷與科羅拉多河一帶。

在國際太空站外進行布線。
太空漫步時，我們和太空之
間就只隔著太空衣上的這幾
層物質。

很多人都問過我，我最喜歡的太空人是哪一位，我總是說是我的朋友，泰瑞・維爾茲指揮官。我1998年就認識泰瑞，當時他是美國空軍上尉。他所屬的戰鬥機中隊，正是我年輕時擔任戰鬥機飛行員的同一個中隊：駐紮在德國比特堡的第二十二戰鬥機中隊「戰鬥蜂」（Fighting Bees）。那一年，他打電話到美國太空總署（NASA）的太空人辦公室，問我願不願意在史班達倫（Spangdahlem）空軍基地舉辦的「大二十二晚會」活動上致詞。我碰巧那一週在德國有另外一個活動，所以可以去。那次會面時，他告訴我他太太懷了他們的第一個孩子，於是我送了一張簽名照給「小維爾茲」，後來出生的是個男孩，取名為馬修。那次活動泰瑞還特別獲准駕駛F-16戰機載著我飛了一趟，那是我永生難忘的經驗。

在德國相識之後我們一直保持聯繫，除了通電話之外，只要有機會就會碰面。我當時並不知道，在接下來的這麼多年間我們的人生會一直有所交集，最後還成了好朋友。軍中的朋友比較會混在一起，但太空人就不一定了。過了六十多年，我和同期的戰鬥機飛行員都還是好朋友，特別是第二十二戰鬥機中隊的同袍，所以能和泰瑞維持超過19年的友誼，想想也不意外。泰瑞還參加了2016年在納士維（Nashville）舉行的第二十二戰鬥機中隊聯誼會，和我們這些老一輩的一拍即合。

太空人通常好勝心很強，就算彼此之間有革命情感，不管做什麼事都還是會帶點良性競爭的味道。不過泰瑞是那種很好相處的人，個性隨和，非常討人喜歡。每當我有構想需要找人聊聊時，他總是願意花時間傾聽。我真的很感激，尤其是因為大部分的時間都是他在聽我說話。

隨著職業生涯的進展，泰瑞申請成為太空人，我感覺到他即將和我走上同樣的路。2000年7月，我得知他獲選為NASA第十八梯次太空人的時候，非常替他感到光榮，也毫不意外他被選為奮進號（Endeavour）太空梭的駕駛員。他做過的每一件事都表現得十分優異，獲選擔任這樣的領導職位確實是適得其所。從很多方面來說，泰瑞的太空活動經驗都比我豐富太多了。雖然他謙稱沒有上過月球，但他在太空中待了

213天，而我只待了12天。不過又有誰在比這些？我很自豪能夠成為太空計畫的先驅，但以科學家的身分來說，我確實希望我當年能有機會多做一些實驗，而泰瑞在國際太空站上就有很多這樣的機會。

可以這麼說吧，我把泰瑞視為未來的管理人，代替我繼續守護新一代的太空人和太空探險者。我覺得憑著他的經歷，他還能對這個世界提出很多貢獻，希望他能把阿波羅時代和太空梭時代的精神延續到火星時代。我也會盡我所能給他最大的協助。

1998年和巴茲・艾德林一起搭乘F-16戰鬥機。他是第二個在月球上漫步的人，也和我一樣曾經是「第二十二戰鬥機中隊D分隊指揮官」（早了我40年）。

對我來說，飛行比在陸地上
還要自在。有時候我會在駕
駛艙裡面自拍，這上面視野
還滿不賴的！

# 高空上的人生

**泰瑞·維爾茲**才剛學會認字的時候就愛上太空了。他在幼稚園時讀的第一本書就是關於阿波羅太空計畫的繪本，介紹NASA探索月球的行動，以及第一批登陸月球的人。書上有很多插畫，畫了月亮、火箭推進太空船，還有穿著太空衣在夜空中抵達月球的太空人。阿波羅太空人第一次踏上月球時，他還在學走路，但阿姆斯壯、艾德林、柯林斯，以及一起完成那場登陸月球壯舉的其他太空人的故事，讓童年時期的他完全沉醉其中。認識了他們的事蹟，他小小的心靈立下了志向：泰瑞·維爾茲最想做的就是當一個太空人。

迷上太空的泰瑞不放過所有機會，一心一意地想要了解離開地球表面的生活是什麼樣子。他房間的牆上貼滿了海報，有遙遠的星系、戰鬥機，以及任何和飛行或太空有關的東西。1976年，他跟著爸媽到華盛頓特區的史密森國家航太博物館參觀，看了一部IMAX影片《飛吧》（To Fly），講述從熱氣球到載人太空船的飛行史。博物館現在每天都還會播放這部影片，讓很多不同世代的孩子因而愛上太空和飛行。

泰瑞在巴爾的摩郊區長大，很難看到繁星點點的夜空。因為城市光害和霧霾的影響，能看到的星星寥寥可數，所以單單走到戶外抬起頭，是無法觀星的。11歲那年，泰瑞收到的耶誕禮物是他生平第一架望遠鏡，於是他開始自己摸索如何觀察太陽系和銀河系以外的星系。有了這個機會能把夜空中那些遙遠星體看得更清楚一點，他就對太空更加無法自拔了。

泰瑞剛開始對太空、以及可以載人上太空的飛機和火箭展現濃厚興趣的同一時間，也對攝影產生了興趣。尚未成年的他自從拿到了一臺柯尼卡35mm單眼相機之後，就開始學習攝影的所有知識：快門和光圈對成像的影響、底片的類型，以及不同焦距鏡頭的用途。泰瑞對攝影的各個環節都非常著迷，長大以後，他對攝影的熱情未曾稍減，和他夢想進入太空的熱情同樣旺盛。

泰瑞在後來所受的教育中一步一步往夢想靠近。1989年他從美國空軍學院畢業，主修應用數學，輔修法文，然後取得安柏瑞德航空大學（Embry-Riddle Aeronautical University）的航空科學碩士學位。空軍生活讓泰瑞有機會探索世界，在地面上深入感受地球之美。他到法國空軍學院當了一個學期的交換學生，畢業並獲得飛行員資格後，被派駐到美國各地、韓國與德國。這段期間，泰瑞駕駛過40多種飛機，包括F-16「毒蛇」（Viper）戰鬥機，飛行時數超過5300小時。

　　走遍世界的同時，泰瑞也秉持攝影的興趣，記錄下旅行的過程，以及途中見到的新地景。雖然他沒有受過正式的攝影訓練，但這項技術給了他機會記錄下各式各樣的影像，從日落、家庭生活，到戰鬥機駕駛座上的視野。泰瑞隨時隨地帶著相機，把他造訪過的地方和見過的畫面都做了紀錄。因為在空軍服役的關係，泰瑞也才有這個機緣見到他的童年英雄之一：巴茲・艾德林。同為空軍飛行員，又是阿波羅太空人的艾德林，一直是激勵泰瑞學習飛行的動力之一，兩人的忘年之交一直持續至今。

　　**在空軍待了11年之後**，泰瑞於2000年獲選為NASA太空梭駕駛員。他和其他六名飛行員以及十位任務專家一同展開全方位培訓。成為一名太空人需要多年的練習，太空人不是只要懂得駕駛太空船，或在無重力狀態下行動而已，當然這些技能也很重要，但他們還必須學習醫療程序、練習求生技能，並在實物大小的模擬器上演練他們將在太空中進行的工作。預定前往國際太空站（ISS）的太空人必須參加語言課程，以便與其他國家的任務控制中心溝通（泰瑞能說流利的俄語和法語）；要在中性浮力實驗室（Neutral Buoyancy Laboratory）培養太空漫步時的知覺能力，這是一座巨大的游泳池，可以模擬在真空中移動和工作的感覺。

　　要通過這麼多訓練，太空人至少需要兩年，才能完成第一次進入太空的準備。但由於幾項環境因素，包括太空梭的技術問題，以及90年代後期雇員過剩等，泰瑞剛獲選時，菜鳥太空人都要等上8到12年才能進行第一趟飛行任務。等

1971年，當時三歲的我站在派珀契羅
基（Piper Cherokee）的機翼上。我
讀幼稚園時就想成為太空人，因此只
要看到飛機，我就會很開心地站在它
前面，假裝自己是飛行員。

1999年與艾德華空軍基地的一架
F-15E戰鬥機合影。這是我從美國空軍
學院畢業後開過的機型之一。我第一
次開的是F-16，那也是我的最愛。

待的時候，就在地面上擔任各種不同的職務。泰瑞擔任過好幾次太空梭任務、以及早期很多次國際太空站遠征的任務控制支援。

在NASA工作了十年後，泰瑞終於第一次有機會登上奮進號太空梭前往太空，進行為期13天的任務。他是STS-130任務的駕駛員，這次任務是把兩個新的艙段送到國際太空站。第一個艙段是「寧靜號」（Tranquility），裝載了維生設備與其他器材；第二個是穹頂艙（Cupola），這是一個多窗口的實驗艙，讓太空人可以看見國際太空站的360度全景視角。這裡後來成了泰瑞在太空站上最喜歡的地方之一，他有很多照片都是在這裡拍的。

這次太空梭任務結束返回地球大約兩年後，泰瑞開始為了長時間待在國際太空站接受訓練。這次受訓又花了兩年半，所有時間都在練習太空漫步，以及與新組員合作。通常國際太空站同時會有六位太空人住在上面，每一次有新的人員編組上去，就稱為一次「遠征」。太空人前往國際太空站或返回地球都是三人一組，組員會有幾個月重疊。所以每次新太空人到達太空站時，上面已經有一群老手可以指導他們大小事，很多細節沒有親自在太空站裡待過是不會知道的。

2014年，泰瑞與兩位隊友，俄羅斯國家航太公司（Roscosmos State Corporation，俄羅斯版的NASA）的安東‧謝克佩雷洛夫（Anton Shkaplerov）和歐洲太空總署的莎曼珊‧克利斯托孚瑞提（Samantha Cristoforetti），一起登上俄羅斯火箭聯合號（Soyuz）TMA-15M前往國際太空站。他們總共待了200天，參與第42和43號遠征。這是NASA太空人在太空中持續停留的天數第三長的。第43號遠征期間，泰瑞擔任國際太空站的指揮官，負責太空站和太空人的安全，並確保任務成功。

國際太空站以每小時2萬8000公里的速度飛行，每天繞地球16圈。第42／43號遠征組員在國際太空站停留期間，共繞行地球3184次，飛行超過1億3440萬公里，進行數百項科學實驗，並執行了三次太空漫步——NASA內部稱為艙外活動（extravehicular activities, EVAs）。在本書中，讀者可以在正文旁邊看到泰瑞的註解，解釋諸如此類的NASA術語和程序，並介紹任務期間對他有重要意義的人。

在太空站上的200天中，泰瑞總共拍攝了31萬9275張照片，創下太空人在太空中拍照數量的世界紀錄。泰瑞想和更多人分享他的照片，於是在任務控制中心的協助下開設了推特和Instagram帳號，讓他漂浮在世界上空的同時還可以貼文，和地球上的人溝通，並近乎即時地和全世界分享他看到的地球。他註冊了推特帳號@AstroTerry之後，很快他就有了很多粉絲，從此社群媒體成了他太空生活中很重要的一部分。本書也收錄了泰瑞的推文，內容包括他對時事的評論，以及他每天目睹的美麗風景。有了社群

媒體這個管道，泰瑞得以和世界各地成千上萬的太空愛好者分享他對太空的熱情。

此外，他還拍了一部名為《美麗星球》（A Beautiful Planet）的IMAX電影，和大家分享他的太空飛行體驗（並充分運用了他的攝影長才）。兩位經驗豐富的IMAX電影製作人，東尼・邁爾斯（Toni Myers）和詹姆斯・奈豪斯（James Neihouse），訓練泰瑞和他的組員利用國際太空站上的攝影器材來拍攝這部電影。幾十年前的一部IMAX電影啟發了八歲的泰瑞遨遊太空的夢想，而今他也回饋了一部電影，讓新一代太空人獲得類似的啟發。這部電影於2016年4月在史密森國家航太博物館的戲院上映，裡面收錄了泰瑞和其他太空人在國際太空站上生活和工作時拍攝的片段。

2016年，泰瑞從NASA退休。在這個機構待了16年，在太空待了超過200天之後，他決定繼續往前走，並讓年輕的太空人也有機會體驗太空的奇妙。他把自己在繞行地球期間拍攝的照片和個人看法分享出來，希望刺激對話，思考人類未來會怎麼在太空中發展。上太空的經驗對泰瑞的人生造成重大的影響，因此他大力主張人類應進一步探索地球以外的世界。

在本書中，泰瑞敘述了他上太空前後的完整故事，從第一次離開地球表面的興奮旅程，到

我的官方NASA照片。我在2000年獲選為太空人，並在2010年第一次進行太空飛行，擔任奮進號的駕駛員。

太空中那幾個月的日常生活，文字之間穿插了泰瑞和隊友在任務期間拍攝的數百張照片。每一章故事結束之後的「觀景窗」單元，精選一系列的大尺寸跨頁照片，展現泰瑞鏡頭下從艙內到艙外的太空站生活，以及他日常所見的地球和宇宙的壯闊風景。從絕美的自然景觀和遙遠的恆星，到人類對地球造成的驚人衝擊，這些影像所捕捉到的角度與震撼感，都是在地球上找不到的。

# 國際
# 太空站

國際太空站是美國、歐洲、俄羅斯、加拿大和日本這五個國家的太空計畫合作的產物。從2000年開始就有太空人住在這裡做實驗，研究在太空中會發生哪些和地球上不同的現象和運作原理。

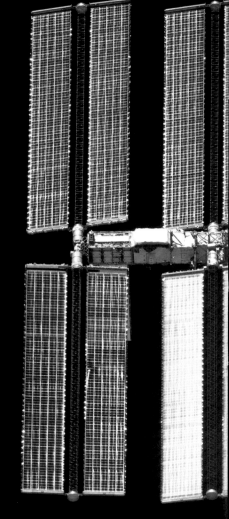

**1** 氣閘艙（Airlock）
這是從國際太空站出來，進行太空漫步的起點。它有兩個艙口，一個通往太空，一個通往太空站。出去之前太空人要先在氣閘艙裡等一下，等裡面的空氣被抽回太空站，再打開外部艙門進入太空。

**2** 第三節點艙寧靜號
這是國際太空站上美國艙段中的主要生活艙，是在STS-130任務時安裝的。穹頂艙也是在同一次任務中安裝，有七個窗戶，是太空站的控制艙兼觀察艙。

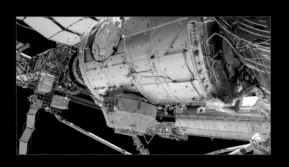

**5** 美國實驗室　**6** 第一節點艙團結號

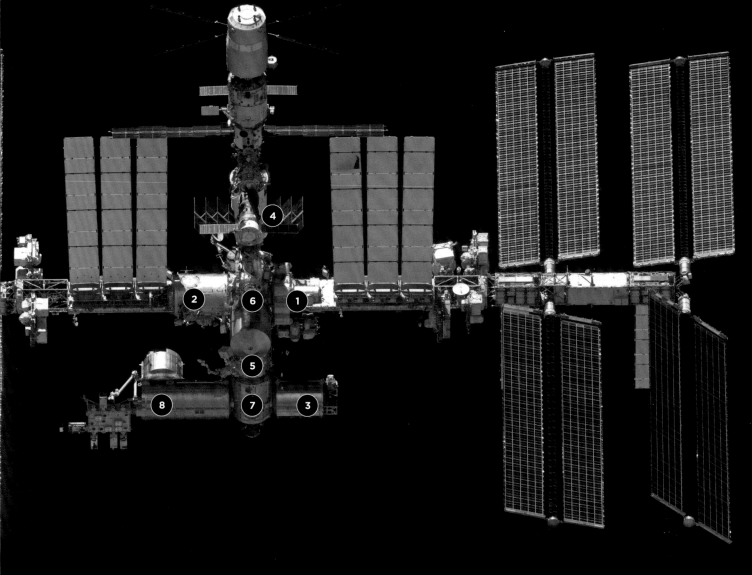

(3) **哥倫布號研究室：**
歐洲太空總署的哥倫布號研究室與第二節點艙連接，用來進行科學與人類生理實驗。所有成員國的科學家都會參與這裡的實驗。

(4) **曙光號功能貨艙（FGB，Zarya）：**
這是國際太空站的第一個艙段，1998年由俄羅斯發射。幾個星期後，美國的第一節點艙團結號（Unity）和曙光號完成對接。曙光號原本是用來供給推進力和能源，現在作為貨艙。

(7) 第二節點艙和諧號（Harmony）

(8) 日本實驗艙

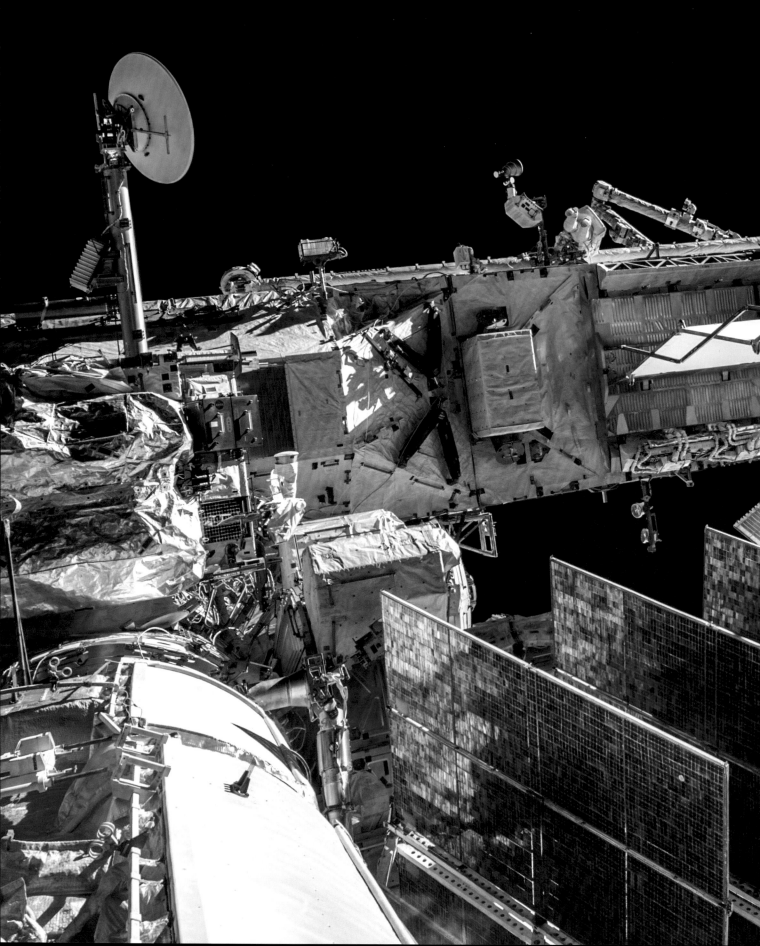

「組裝完畢」的國際太空站外形，包括美國、俄羅斯、歐洲和日本的生活艙，以及加拿大的遙控機器手。

# 任務與成果

泰瑞・維爾茲在擔任NASA太空人期間一共完成了三次太空任務。第一次任務，STS-130，是在2010年駕駛奮進號太空梭。泰瑞和其他五位太空人一起把新設備送上國際太空站。四年後，他參與第42和43號遠征時回到太空站，總共待了200天，進行的任務包括幾次太空漫步和科學實驗，研究宇宙的組成，以及太空旅行對生物的影響。

## STS-130

始日期：2010年2月8日
末日期：2010年2月21日

員

台・贊卡（指揮官）　　　　　　羅伯特・班肯
可拉斯・派屈克　　　　　　　　凱薩琳・海爾
瑞・維爾茲　　　　　　　　　　史蒂芬・羅賓森

## 任務概要

在15天的任務期間，奮進號組員把一個連接艙（第三節點「寧靜號」）安裝到國際太空站上並啟動。運送的設備中括有七個窗戶的穹頂艙，作為觀測艙和機器人控制中心。了安裝新設備，這次任務進行了三次太空漫步。太空梭組也把水、器材和實驗內容移交給太空站上的組員。

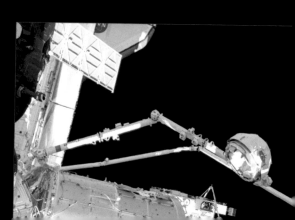

## 第42號遠征

開始日期：2014年11月23日
結束日期：2015年3月11日

### 組員

貝瑞·威爾摩（指揮官）　　　泰瑞·維爾茲
亞歷山大·薩摩庫提亞耶夫　　安東·謝克佩雷洛夫
伊蓮娜·瑟若瓦　　　　　　　莎曼珊·克利斯托孚瑞提

### 任務概要

這次遠征的目的包括研究微重力效應，分析地球大氣的懸浮微粒污染，運送沙門氏桿菌疫苗與大腸桿菌疫苗，以及尋找反物質粒子；最後這一項研究有助於我們了解宇宙的組成。美國組員在第42號任務期間進行了三次太空漫步。本次遠征的重點之一是為太空站做整備，以便未來讓商業太空船停靠。

## 第43號遠征

開始日期：2015年3月11日
結束日期：2015年6月11日

### 組員

泰瑞·維爾茲（指揮官）　　　史考特·凱利
安東·謝克佩雷洛夫　　　　　米凱·寇尼延科
莎曼珊·克利斯托孚瑞提　　　傑納迪·帕達卡

### 任務概要

在第43號遠征期間，組員研究了進入地球大氣層的隕石，微重力與輻射對肌肉的影響，以及太空飛行對人體的其他影響。沒有進行太空漫步。這次遠征也是名為「一年組員」的研究計畫的開始，由NASA太空人史考特·凱利和俄國太空人米凱·寇尼延科執行，在太空停留340天。

下圖：立方衛星（CubeSats）
從太空站進入地球軌道的縮時照
片。
右頁：這些迷你衛星列隊漂離太
空站。

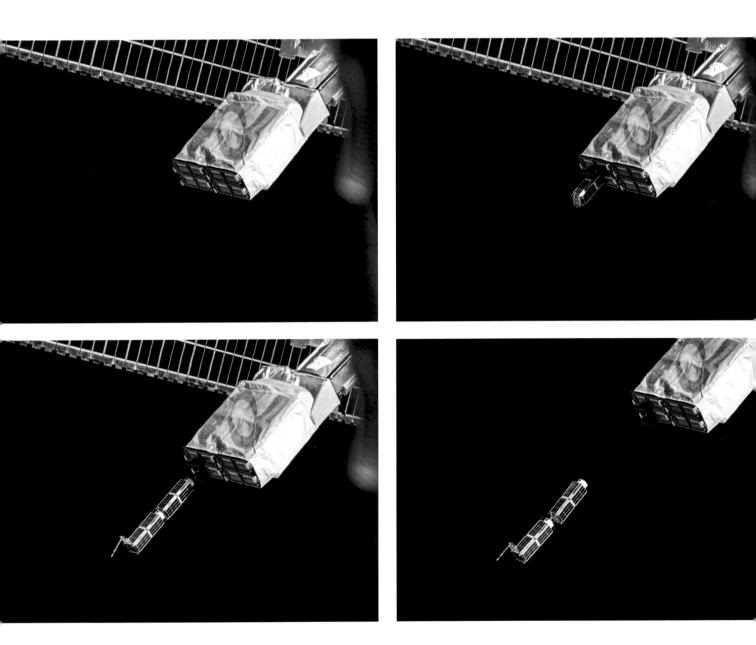

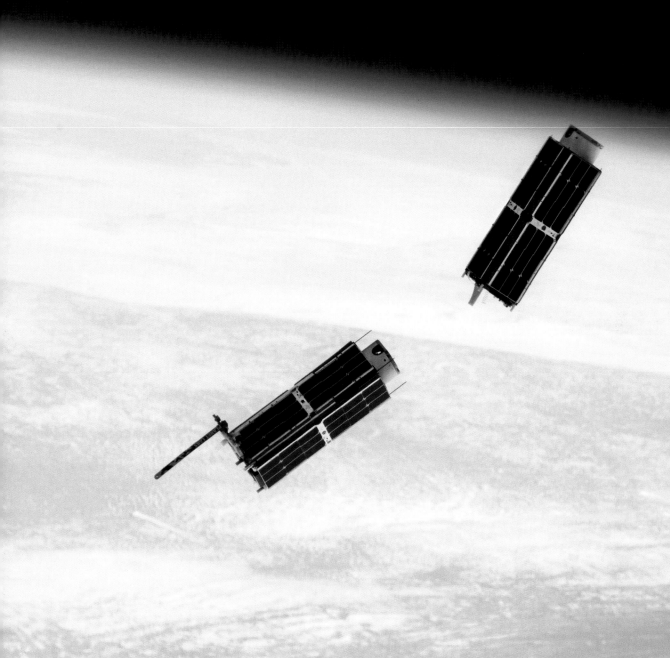

從太空站的穹頂艙往外拍攝
是我在太空中最喜歡做的
事。

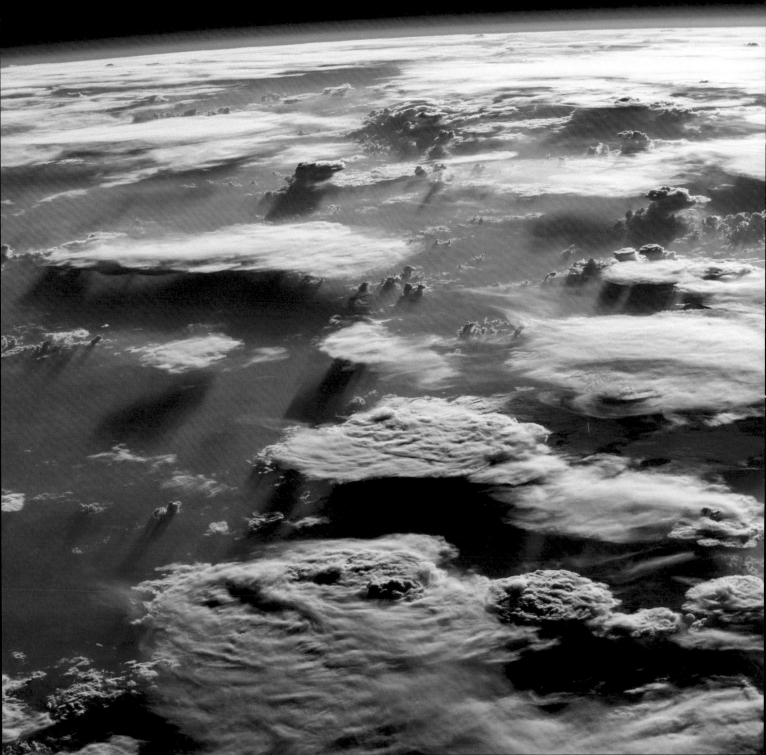

# 離開地球

第一章　踏上前所未有的旅程

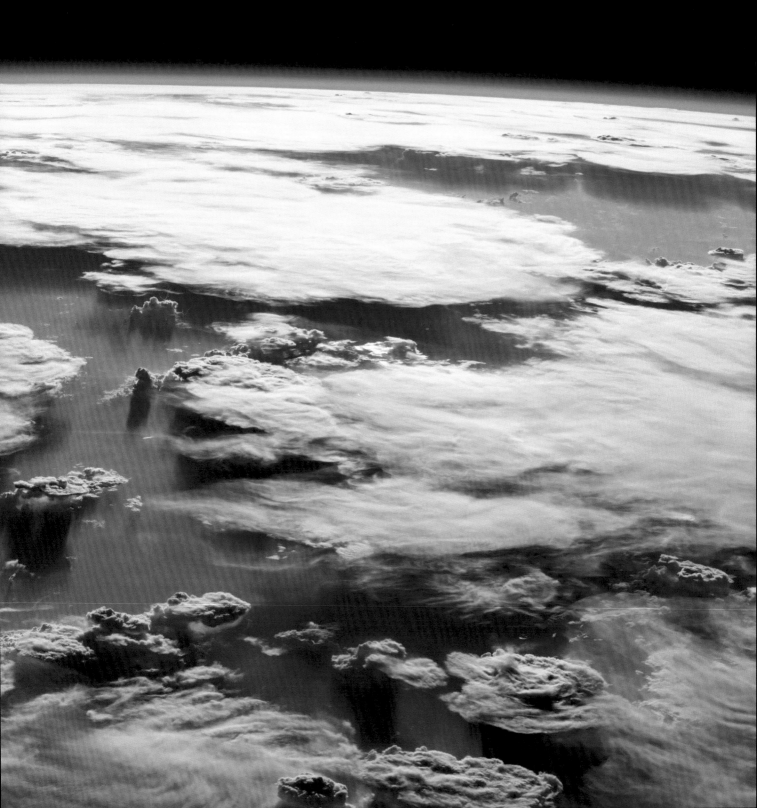

# 1

## 離開地球

**從來沒見過這樣的藍色**。感覺好像我是在黑白世界裡長大，第一次看到顏色，讓我想起第一次看到女兒的藍眼珠。這是我上太空之後的第一次日出，我們正飛越阿爾卑斯山脈，雖然我已經看過數以千計由太空人拍攝的地球照片，但看再多照片也想像不出會是這樣的感受。大氣層的藍濃郁得讓我移不開視線——直到我注意到下方飛馳而過的阿爾卑斯山。當時我正在駕駛奮進號太空船，仍在爬升準備進入軌道，尚未進行到OMS-2火箭點火程序，當我從駕駛艙的窗戶望出去，看到阿爾卑斯山從眼前飛過，那是我在兩次太空飛行中，以白天來說從最近距離看見地球的一次。而且看起來美極了。每隔幾秒鐘就有一座山峰飛過，這些山脈開車的話要好幾個鐘頭才能走完，而現在是山頭一個接一個飛掠而過，因為我們的時速是2萬8000公里。我想起以前住在德國和法國時，度長假開車出去玩，當時就是開在這些山谷裡面，而現在我可以看到它們的全貌。緊接著，在一兩分鐘內，阿爾卑斯山已經變成了巴爾幹半島，於是我知道該回到工作崗位了。我們可是在駕駛一艘太空梭呢。目的地是國際太空站。

**幾個鐘頭前**，2010年2月8日凌晨1點，我和隊友一起抵達發射臺。全組人員已經調整了睡覺時間，以便在東部標準時間0414起飛。我半夜收到起床通知之後，看完了明星四分衛德魯·布里斯（Drew Brees）帶領紐奧良聖徒隊第一次為紐奧良贏得超級盃，才動身前往發射臺。

前頁：從太空中看起來，這些夏季雷暴的雲好像可以讓人在上面跳來跳去。
左頁：太空梭時代最著名的影像之一：飛在地球的地平線前方，
幾個鐘頭後將與國際太空站對接的奮進號。

改裝過的Airstream露營車開到甘迺迪太空中心的39A發射臺，把我們放下來，我兀自站在那兒一下子，看著奮進號讚嘆了一番。這艘太空船可能是人類有史以來建造過最複雜的機器，此刻在清晨的寒冬中似乎活了過來。燃料箱已經在幾小時前加滿了過冷液態氫和液態氧，現在正蓬勃地冒著蒸氣。這時是佛羅里達凜冽的冬夜，包覆著太空梭外部燃料箱的橘色泡棉上結了一層霜。那一刻是我生命中最以身為美國人為傲的時刻。我們建造了一臺多麼神奇的飛行機器啊！奮進號在升空時是火箭，中間變成太空船，著陸時再變成一架飛機，幾個月後再回頭重複一次這個過程。NASA已經成功利用太空梭來布署深太空探測船、修理衛星，以及最重要的一件事：協助國際太空站的建造和運補。我們要前往太陽系更遙遠的目的地之前，最關鍵第一步就是建立國際太空站，而且我認為這是自馬歇爾計劃以來，美國最成功的外交政策倡議。

發射前的倒數行程非常緊湊，組員的每一個步驟和動作都是以分鐘計。我們對於能否升空有點忐忑不安。前一天晚上，甘迺迪太空中心／卡納維拉角空軍基地的氣象官在最後一刻取消了升空，因為出現了一層非常薄的雲。太空梭有陶瓷隔熱片和面板，比大多數火箭都脆弱，因此地面工程師對於能否高速穿過雲層感到擔憂。這天清晨也有一層雲，似乎和前一天的差不多，但幸運的是雲層夠薄，所以我們獲准升空。收到發射主任麥克·雷巴赫（Mike Leinbach）「準備升空」的訊息時，一切突然真實起來。醫療遙測監視器還偵測到我的脈搏跳了一下。這一夜我就要離開地球了。

我駕駛過各式各樣的噴射戰鬥機，感受過後燃器的推力，也看過很多次火箭升空，但這些都比不上在駕駛艙內聽見太空梭主引擎（SSME）啟動的聲音。這東西真的很大聲！它發出的低沉轟鳴和咆哮是我從來沒聽過的。之前我們綁著安全帶，在發射臺上坐了好幾個小時，進行飛行前的例行檢查，和人寒暄個一兩句，過程中可以感覺到太空梭偶爾隨著微風搖曳，看到海鷗在窗戶附近飛來飛去。但現在主引擎啟動了，機上的電腦只有寶貴的六秒鐘來確認引擎推力，接著就要起飛了。一旦固體火箭助推器（SRB）在檢查後發動，就沒有回頭路了。這是漫長的六秒鐘，整架太空梭——連同外部燃料箱、軌道載具和固體火箭助推器——會先往前擺，再回復到垂直狀態，這個動作我們叫做「the twang」。

接著轟隆一聲！固體火箭點燃。整架超過2000公噸重的飛行器帶著我和組員往前衝去，我的背部感受到強大的推力。瞬間開始劇烈晃動。我曾經駕駛過F-16，F-15，T-38，還有其他各式各樣的戰鬥機，但這種加速力道造成的晃動，和那些戰鬥機完全不一樣。但最令人驚訝的，是外面從夜晚變成白天了。雖然我們已經坐在奮進號最頂端，在泛光燈下待了好幾個小時，但仍然可以感覺到

**SSME**

奮進號後方有三個可重複使用的火箭引擎，燃料是液態氫及液態氧，會燃燒整整八分半鐘。

**固體火箭助推器**

固定在外部燃料箱兩側的兩個巨大火箭，會燃燒兩分鐘多一點，產生超過150萬公斤的推力。

外面是夜晚……直到固體火箭引擎點燃為止。我們上方1500公尺處的薄雲層瞬間籠罩在火箭的反射光之中，駕駛艙內也霎時亮如白晝。這不僅是我們的白晝，連同周圍數十公里內、數萬名來到佛羅里達州東部，目睹這場地球上最壯觀的奇景之一的遊客，都在那個冬天清晨的4點14分體驗了短暫的白晝。這是一次美麗的升空，至少別人是這麼告訴我的。

　　離開發射臺後不久，太空梭就開始進行「滾轉程序」（roll program），這項操作的目的是讓我們到達和國際太空站相同的軌道平面，此次任務的目標正是要和太空站會合。滾轉程序一定要正確執行，如果太空梭沒有在任務的這個初期階段進入正確的航線，地面安全官有可能會以遙控方式將我們引爆，以防止失控的火箭飛到人口稠密地區。用NASA不帶情感的行話來說，這個情況叫做「飛行終止」（flight termination），不過我們都很清楚這是什麼意思──摧毀太空船，裡面的我們也跟著一起陪葬。謝天謝地，奮進號轉到了正確的方向，電腦也一絲不差地把我們導向目標。我快速地朝駕駛艙左側的指揮官窗戶外瞄了一眼，確認我們的高度穩定，同時也看到東方貼近地平線的位置出現一條細

在休士頓的NASA詹森太空中心，STS-130的發射前準備人員在一項訓練課程開始前幫我整理發射時穿的太空衣。

奮進號太空梭從甘迺迪太空中心發射進入繞地軌道，燃燒的軌跡反映在佛羅里達州的沿岸水路（Intracoastal Waterway）上。

細的新月。這真是超現實的一刻：和幾個最好的朋友一起乘著太空梭飛向太空，彷彿朝著月球前進。這種感覺我一輩子也忘不了，不過只持續了一秒鐘。該繼續工作了。

就像剛才夜晚突然變成白晝一樣，我們穿過那片1500公尺高的雲層之後，又突然回到了夜晚。過了一會兒，我們又在大約1萬公尺的高度穿過另一層薄雲。這次我可以看到雲層接近前方窗口，起初速度較慢，接著開始加快，亮度逼得我在飛過雲層時瞇起眼睛。我們以驚人的速度爬升，雲層出現得快，消失得也快。大約在這個高度，我們經歷了「最大動態壓力」期，此時太空梭的速度加上大氣層的厚度，使太空船前方部位承受了航程中最大的氣壓。這是所有太空任務中最危險的時刻，風壓帶來的噪音灌滿了我的耳朵，彷彿有一列火車在離我的頭部幾公尺處加速開過去一樣。但同樣地，這個過程也很快就結束了，我們繼續前進，往黑夜衝刺，外面的空氣迅速變薄，日光也不見了，直到幾分鐘後（飛行了1600公里後）太陽才真正在北大西洋上升起。

太空梭進入動力飛行才短短兩分鐘，兩個巨大的白色SRB就已經各自消耗

了超過45萬公斤的燃料，不再需要了。每個SRB都在火箭頂部有一組四個「助推器分離馬達」，就直接往我們的軌道載具發射，以便把巨大的助推器推開。我看著時鐘，在SRB分離前幾秒向組員喊道：「輕微爆炸預備！」我以為SRB分離時我們會聽到聲響，為了禮貌起見先向大家提出警告。在SRB分離前的一瞬間，我從前方窗戶望出去，看到我們反應控制系統（RCS）的噴柱，這是小型的軌道修正推進器，正對著我的窗戶射出三道火箭氣流。這是預先計劃好的發射程序，用短暫噴出的紅白色氣柱來擋住SRB上往側面發射的火箭。結果這個程序不是發出小聲響，當分離馬達點燃（方向顯然就正對著我的頭），把SRB推開的那一瞬間，發出一聲轟隆巨響！幾秒鐘內，我們的駕駛艙就陷入黑暗與寂靜，振動停止了，航行變得平順。同行組員史蒂夫·羅賓森回應我的「輕微爆炸」警告時說：「或者是大爆炸！」

我們的太空梭在發射時機頭是朝下的，因此奮進號看起來就像一架倒過來的飛機，綁在一個巨大的橘白色火箭側面。起飛大約六分鐘後，我們才進行修正，把太空梭轉成機頭朝上，好讓機上的天線指向軌道上的通信衛星。這趟太空梭任務在各方面的每個細節我們幾乎都規劃好了，但我們不知道奮進號在變換位置時，會是向右還是向左滾轉。贊波（Zambo）和我打賭，看到時候誰那邊的窗戶風景會比較好。太空梭滾轉時，駕駛員（我，坐在右邊）和指揮官（贊波，坐在左邊）之中只有一個人能看到美國東岸的壯觀景色，另一個人看到的則是一片漆黑的太空。電腦會即時選擇滾轉的方向，完全無法事先預測。

戰鬥機飛行員之間流傳一句老話：「運氣比技術更重要。」那天晚上我確實很幸運。當時我們正以超過音速13倍的速度飛行，奮進號的機上電腦決定向左滾轉會更省油，這表示從我這邊的駕駛艙才有風景可以看──而且還是美不勝收的風景！我把握那稍縱即逝的幾秒鐘望向窗外，視野非常壯觀，有點壯觀過了頭。我可以看到整個美國東岸，從南北卡羅來納州到華盛頓特區，從巴爾的摩到紐約和波士頓。夜晚其實是看不見陸地的，但城市黃白交錯的燈光清晰可辨，讓人馬上可以認出整個海岸線。雖然我們還在爬升，離地球軌道高度還差得遠，但我們已經看到這麼一大片的美國疆域了。過去可能要花上幾個星期、幾個月，甚至一輩子的時間才能跨越這樣的距離，我們只花了幾秒鐘就通過了。這驚鴻一瞥過後，我馬上又回到工作崗位。我在太空飛行時經常要重新「回到工作崗位」。我們不斷經歷各種一生僅此一回的體驗，經歷完後立刻回到手邊的工作上。

升空後八分半鐘，奮進號的電腦下達指令進行一連串複雜的動作。首先是把油門關小。因為只要太空梭的主引擎繼續燃燒，我們就會繼續以每秒30公尺的加速度前進。而三具主引擎每秒鐘各會消耗450公斤的燃料，所以太空梭會愈

贊波

海軍陸戰隊上校喬治·贊卡，綽號「贊波」，是STS-130的指揮官。

我們的身體原本被壓在椅背上，幾乎就在那一瞬間變成漂浮狀態，感覺像被猛力往前推了一把。經過一生的夢想、想像、努力、和等待，我終於來到太空了。

來愈輕。這時火箭的油門就必須關小，讓加速度保持在3 g。要是把油門踩到底全速前進，維持在高檔的推力加上愈來愈輕的燃料箱，會超過3 g的加速限制，使奮進號脫離外部燃料箱。電腦再一次保障了太空船及其機組人員的安全，在剛好需要的時候調低油門。

我們的速度達到每秒鐘7870公尺時，電腦會下令進行所謂的主引擎熄火（MECO），把複雜的指令序列下達給液壓和氦驅動閥系統，安全地關閉這些名為SSME的火箭引擎。這些引擎的一系列高壓與低壓燃料和氧化劑渦輪泵必須以正確的順序，在極精準的時間點上關閉，以防止爆炸。一切都如計劃進行：我們的三個主引擎關閉，我們的身體原本被壓在椅背上，幾乎就在那一瞬間變成漂浮狀態，感覺像被猛力往前推了一把。經過漫長的夢想、想像、努力、和等待，我終於來到太空了。

我不知道原來刺激的事情還沒結束。我本來一直以為一旦引擎關閉，我們就會進入平靜的漂浮狀態。但是在飛行結束之前，奮進號還有幾個刺激的把戲等著我們。在MECO指令執行完畢，安全地關閉了主引擎之後，另外一組不同的指令馬上跟著啟動，叫做「ET Sep」，也就是「外部燃料箱分離」。這口巨大的鋁製燃料箱現在已經功德圓滿，當前的任務就是把它丟掉，我們才不會跟著它一起前往印度洋，它會在大氣層中燒光光。

有兩條口徑43公分的進料管把奮進號和三個SSME火箭引擎連接到巨大的外部燃料箱。這些管路必須斷開，並小心封閉，不只是為了防止燃料或氧氣外洩可能造成的災難，也是要確保軌道載具妥善地與燃料箱分開。管路處理完成之後，就會引燃火藥使奮進號從燃料箱上脫離，機上的RCS噴射火箭會開始以預設的順序點燃，使太空梭駛離。在這個階段，贊波會駕駛太空梭，以手動操縱的方式往前超越燃料箱。每次RCS噴柱在軌道載具前方點燃時，聽起來就像有一把霰彈槍在我的窗前連續發射。這時候，在主引擎關閉時通過驅動閥的數千公斤液態氧和液態氫，已經在冰冷真空的太空中結凍。其中很多的冰都是從進料管和主引擎上脫落的，就在我們的窗外漂著。這一切都發生在我們往陽光飛去的時候。雖然下面的地球仍然在黑暗中，但我們已經爬升到太陽可以照到我們的高度。陽光照亮了數以千計的冰塊，就像一群螢火蟲漂浮在艙外，襯著漆

STS-130任務升空之後幾分鐘，我的窗口就會出現這樣的景象，只是高度低得多。我是在美國東岸長大的，所以不需要地圖就可以認出所有的主要城市。

3g

地球重力的三倍。你在地球上靜止不動時，所受到的重力是1g。假如是在賽車或是戰鬥機中以3g加速，你會感覺自己是正常體重的三倍重。

外部燃料箱

這是太空梭的三個主要構件之一，其中的火箭燃料用於提供軌道載具動力。

黑的太空。現在這個時間剛剛好可以讓我們一睹這場美妙的燈光秀：要是稍微早一點，太陽就照不到冰塊；再晚一點，光線就會太亮，連同背景的地球，我們就看不清這些冰了。在2010年2月8日清晨，我感覺自己是地球上（或是地球外）最幸運的人。

**我213天的太空生涯這最開頭的八分半鐘，給了我永生難忘的回憶。**要認識太空，我想不出還有什麼比坐著太空梭離開地球更棒的方式了。我們這趟為期兩週的STS-130任務進行的是國際太空站的最後一次組裝任務，同時是第一次、也是唯一一次太空梭任務，要安裝兩個艙段，第三節點艙（Node 3）和穹頂艙。第三節點艙又名「寧靜號」，將作為國際太空站美國艙段的主要生活艙，裡面有健身器材、一間浴室，以及生存所需的水和氧氣回收設備。穹頂艙在我心中有很特別的地位。在STS-130任務期間，我很榮幸負責打開它的窗罩，和太空人傑夫・威廉（Jeff William）一起成了最早從穹頂艙往外看的人。而下一次太空飛行時，我成了在單一太空任務中拍了最多照片的人，大部分都是從穹頂艙拍攝的。我也在後來那趟長時間的太空任務中開始使用推特（@AstroTerry）和Instagram（Astro_Terry），和民眾接觸。隊友常用開玩笑的方式挖苦我拍了這麼多照片，但我真的很喜歡和地球上的朋友分享太空飛行經驗。

我的第二次太空飛行，即第42／43號遠征，和第一次為期兩週的太空梭任務截然不同。假如用短跑來比喻太空梭任務，那麼太空站任務絕對是一場馬拉松，我們這組人員在第42／43號遠征時連續在太空中待了200天。太空梭任務的每個層面都是以五分鐘為單位精心策劃，但太空站任務有較多喘息空間。太空梭飛行的每個環節都經過再三演練，而太空站任務的時間很長，所以我們接受的是通用技能訓練，地面團隊會隨時根據當下需求，制定我們每天的維護、科學及太空漫步行程。

搭乘俄羅斯聯合號火箭升空是很棒的經驗，但和奮進號的升空經驗很不一樣。這是我第二次進入地球軌道的太空任務，要在國際太空站上長時間停留。我從哈薩克的貝科奴太空船發射基地（Baikonur Cosmodrome）升空，第一位上太空的人類尤里・加蓋林（Yuri Gagarin）用的是同一個發射臺。聯合號的艙體大小不到太空梭的10％，只能承載三名組員和極少量的貨物。艙外覆蓋著一層金屬護罩，讓它在尚未脫離大氣層時可以承受巨大的氣壓，因此在動力飛行的前幾分鐘裡什麼也看不見。我們在凌晨4點發射，所以即使拋棄了護罩之後，外面也是一片漆黑，沒什麼可看的。最主要是聯合號的窗戶很小，加上我們是飛在西伯利亞上空，這整片區域都沒有城市燈光，不像之前在太空梭上可以看到下面的美國東岸。聯合號也沒有固體燃料發動機，因此飛行過程比上次的太空

聯合號火箭

這架俄羅斯火箭在1966年首度升空時，是作為改裝的蘇聯洲際彈道飛彈（ICBM）。這架火箭經過多次疊代設計，有超過1000次的升空紀錄，包括載人與無人版本。我搭乘的是聯合號FG版，用來發射載人聯合號太空艙進入繞地軌道。

梭要平順且安靜得多。當然，加速力道還是很大，而且在分節時會產生巨大的顛簸，這段期間第一節引擎關閉、第二節引擎啟動，使我們從原本加速度超過 3 g 變成 0 g，再變成好幾 g，整個過程只在短短幾秒鐘內完成。

無論你是搭乘哪一種火箭升空，動力飛行的前八分鐘都很精彩，只是很快就過去了，而且這才是開始而已，後面還有一段長得多的冒險。不過除了風景之外，還有一種同樣驚人，甚至更奇特的體驗，那就是無重力狀態。奮進號的主引擎關閉時，我記得心裡在想：「我終於在漂浮了！」這種感覺和墜落很類似，就像從跳水板上跳下來一樣，胃好像浮上來要跑進喉嚨裡，臉和嘴唇往上擠，本能地想要揮動雙臂。我在駕駛噴射機時也有過類似的感覺，你把控制桿往前推，只要力道夠大，你就能從座位上漂起來一會兒。只是在地球上，無重力狀態只能持續幾秒鐘，重力會很快把你拉回地面。就算是搭乘 NASA 的「嘔吐彗星」（Vomit Comet），也只能有 20 秒鐘的無重力狀態。嘔吐彗星是一架改裝客機，以拋物線軌跡做雲霄飛車式的飛行，讓乘客和機上的實驗項目進入無重力狀態，駕駛員拉回控制桿時，這種狀態就會突然結束，瞬間回到重力的世界。不過在太空中，這種奇異的漂浮感是沒完沒了的，完全沒有止境。你會不斷漂浮下去，彷彿一直在墜落。我的第一次飛行，這種狀態只維持了兩個星期，但在第二次飛行中持續了 200 天，沒多久我就習以為常了。

在太空梭和聯合號上，安全帶都把我綁得緊緊的，所以我一直沒特別注意到無重力狀態是什麼時候開始的，直到看到檢核表和鉛筆漂浮在我面前，我才會意過來。目睹這些日常用品違背了我在地球上所知道的每一項物理規則，我覺得神奇得不得了，光是抓住我眼前的東西，再放手看它漂浮，就讓我玩得不亦樂乎。不過一鬆開安全帶，身體馬上從座位上浮起來，這又是完全不同的體驗了。

我在太空梭上注意到的第一件事，就是我的頭不能轉得太快，不然就開始暈，然後痛得很厲害。四年後在聯合號上，我立刻就適應了

聯合號 41S／TMA-15M 太空人莎曼珊‧克利斯托孚瑞提、安東‧謝克佩雷洛夫和我正準備在哈薩克的貝科奴基地登上火箭。第一位進入太空的人類尤里‧加蓋林就是從這個發射臺升空的。

無重力狀態，彷彿我的身體還記得第一次的太空旅行，很清楚自己在哪裡。可是在第一次的太空梭飛行時，我一直對揮之不去的無重力狀態感到十分驚奇，看到平凡的物品會出現這麼怪異的行為也讓我目眩神迷。我理智上懂得這是怎麼回事，但在情緒上，我對這些完全超出我人生經歷的景象和感覺充滿了敬畏。離開我的母星，來到環繞它的軌道上，一切都是陌生的體驗。

後來，我開始要應付在太空中漂浮的實務面，才終於回過神來面對現實。

適應太空生活的過程會讓人很彆扭。這是我在無重力狀態的第一天，繫了個大腰包，脖子上掛著頭燈，口袋裡放了嘔吐袋（以防萬一）。

正如太空人常說的：「在無重力狀態下什麼都難。」每一樣東西都是漂浮的，不會乖乖待在一個地方，一個也不會！我們用了很多魔鬼氈、繫繩、夾鍊袋、口袋、甚至膠帶來固定，不過有時候連膠帶也會漂走。太空船在設計時有很大一部分的心力都是為了解決東西亂漂的問題。在太空中隨時知道自己的東西在哪裡，不要搞丟，是每個太空人遲早都得學會的技能。我發現我得非常耐心地留意每一個小細節，絕不能把東西放著不管，否則一定會不見，就像新養的小狗剛帶回家，沒有柵欄牠一下子就不知道跑到哪裡去了。

在STS-130期間，有一次我在一個面板後面維護一套設備。我嘴裡咬著一支迷你手電筒，用完之後把它放進襯衫前襟一會兒。等到我從面板後面出來時，我找了又找，就是找不到那支手電筒。這是很糟糕的情況。任何在太空梭裡面亂漂的東西，在重返地球的過程中都會變成危險的拋射體。原本在太空中漂浮的手電筒是沒什麼害處，但在重力出現時，可能會跑到什麼地方阻塞艙口，或是纏在電線上。所以我繼續找，找完左邊換右邊，甚至連我的頭頂上方都找到，還是找不到。手電筒就這樣不見了，很叫人抓狂，但我不想再浪費時間找了，所以我繼續進行當天的下一項工作，心想它總是會自己出現。大約20分鐘後，我覺得有人在拍我的背，像是在叫我，可是當時並沒有別人。果然，手電筒已經在我的襯衫裡面漂了一圈，跑到我的兩個肩胛骨中間了！

菜鳥太空人可能會覺得漂浮這種經驗很迷人、讓人不知所措，甚至很痛苦，但無論如何，這是非常棒的經驗。適應無重力狀態的過程非常有趣。我們

人類在地球上出生之後，要花幾年的時間來學習走路，這是一個漸進的過程：你先學會爬，然後開始抓著爸爸的手踏出試探性的步伐，或是在媽媽的幫助下跌跌撞撞地扶著桌子前進。最後你學會了自己走路、跑步，然後經過多年的練習，還可以做出一些困難的動作，如踢足球、騎自行車或是跳舞。在太空中你沒有那麼多時間。MECO之後你就開始漂浮——沒有學步車，沒有學習期，你在一瞬間就來到了這個外星環境。儘管大腦告訴你這是不可能的，你還是必須學會調適自己。

我在無重力下學到的最困難的事情之一，是如何從A點把自己推出去，讓身體保持在正確的方向，到達我想要的B點。一個關鍵是你推出去的力要通過身體的重心，要是用四肢末端施力，你可能會轉個不停。施力方向只要稍微偏離身體重心，你就會開始旋轉。拿捏正確的力道，以及讓自己抵達正確的位置，這兩件事相對來說算是容易辦到的，只是我在到達目的地時，往往已經不是面對前進方向了。第一次飛行任務初期，我發現我會比原本計劃的多轉了一兩圈。如果要前往比較遠的目的地，途中無法抓住什麼東西來修維持方向，我往往會變成後退著抵達目的地。這時我只能心虛地假裝我本來就打算要這樣（然後祈禱附近沒有攝影機把這段過程發送到任務控制中心）。

即使到了STS-130任務的第12天，我仍然在學習適應無重力狀態下的現象。有一次我坐在駕駛員的位子上，輕輕按了一下電腦上的按鍵，結果我整個身體就要被抬起來了，還好我繫著安全帶。只用了指尖上那麼一丁點力量就能移動我整個身體，這感覺實在太奇妙了。我發現即使在做最基本的動作之前，我都要先好好思考一遍。例如走路，或是把東西丟給別人接，這些在地球上完全不需要思考的動作，在這裡卻要想很多。仔細想清楚我需要多大的力量來移動自己，這種心智上的鍛鍊是幫助我適應無重力狀態的練習之一。因此等到我展開第二次的長期任務時，能在一個月之後就完全掌握無重力下的漂浮與動作要領。無重力生活開始變成我的本能，我可以不假思索地自由移動了。我終於成了名符其實的太空人：生活在太空中的人。 ■

Terry Virts
@AstroTerry

地球在微明時分的顏色完全不一樣，像是另外一個星球。

轉推 613
喜歡 1,039
2:55 PM – 10 Mar 2015

在佛羅里達州的NASA甘迺迪太空中心準備登上奮進號之前,在發射臺向群眾揮手致意。

甘迺迪太空中心39A發射臺上的奮進號太空梭。原本是要在星期天上午發射，但因為天氣因素延到星期一。

奮進號太空梭在2010年
2月8日星期一凌晨4:14升
空。200萬公斤重的載具開
始加速進入太空時，我們聽
到引擎的巨大怒吼，連駕駛
艙都被火箭的火焰完全照
亮。

在零重力狀態下，需要非常小心，加上很多魔鬼氈和夾鏈袋，才能確保東西不會漂走。有一次我找不到手電筒，最後是在我的上衣裡面、兩個肩胛骨之間找到的。

上圖：舊進號和STS-130任務的成員以25倍音速朝繞地軌道前進，準備與國際太空站會合。
右頁：我們的聯合號太空艙與太空站進行自動對接前的幾分鐘。
在這之前的26個鐘頭，我們大部分的時間都沒有闔眼。

從太空站的穹頂艙拍攝的月升縮時畫面。這種月落或是日出的縮時照片我總是拍不膩。

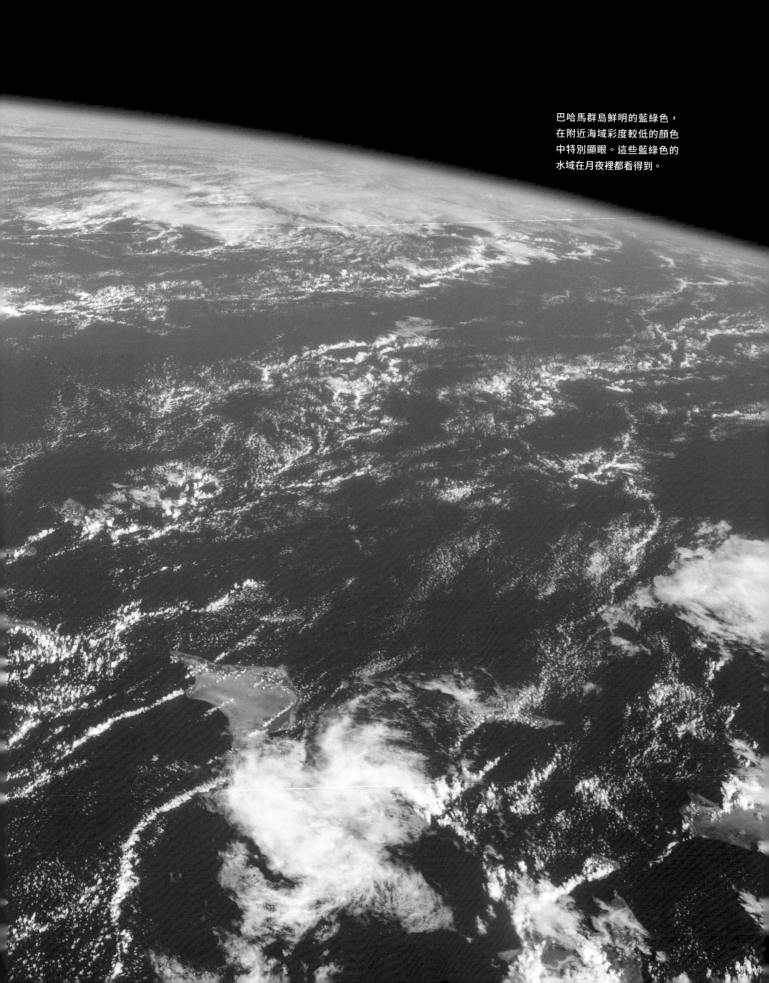

巴哈馬群島鮮明的藍綠色，在附近海域彩度較低的顏色中特別顯眼。這些藍綠色的水域在月夜裡都看得到。

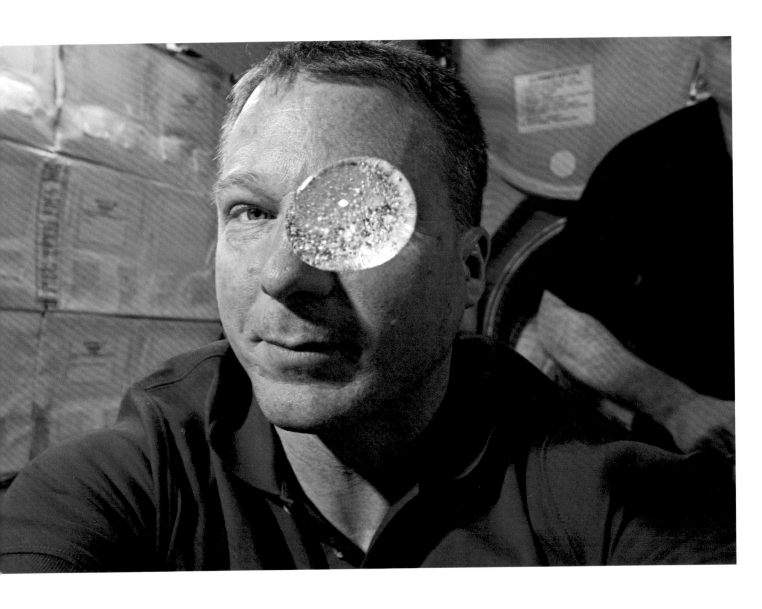

上圖：太空人很懂得找樂子。飛行醫師在升空前給了我制酸劑，讓我加到這顆漂浮的水球裡。看著這個冒著泡泡的水球爆開飄走，無聊的感覺馬上一掃而空。

右頁：我們餐桌上擺了各種食品，準備來一頓感恩節太空大餐，其中有照射火雞肉、再水化玉米麵包餡等。

則，我覺得神奇得不得了。

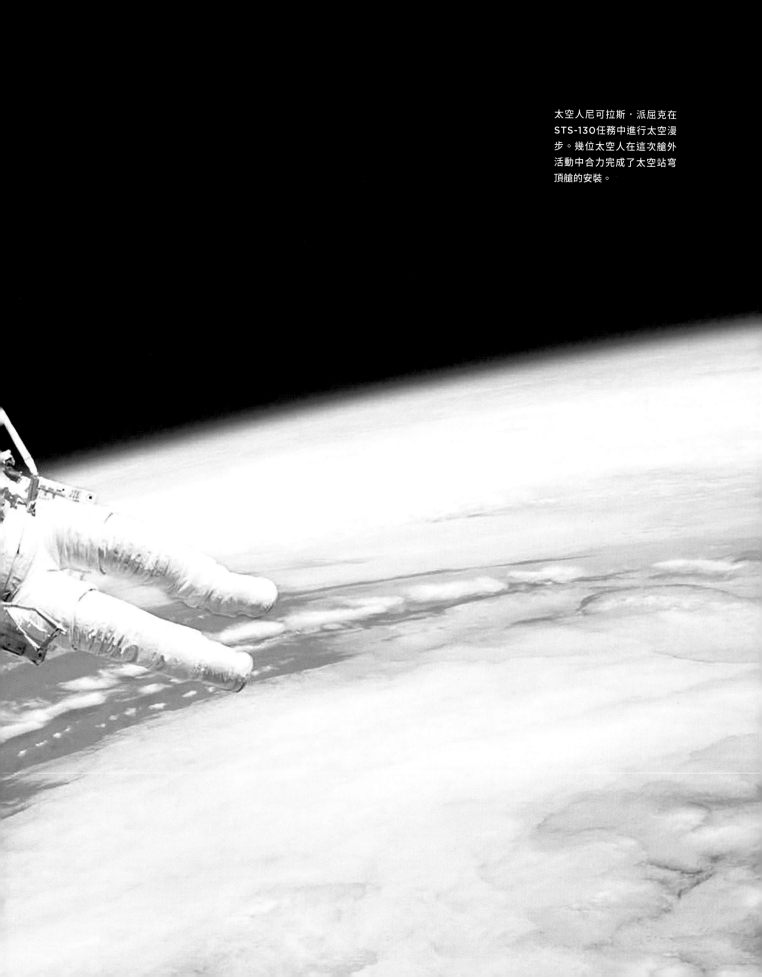

太空人尼可拉斯·派屈克在
STS-130任務中進行太空漫
步。幾位太空人在這次艙外
活動中合力完成了太空站穹
頂艙的安裝。

從日本希望號實驗艙看太空
站的左舷。可以看到外面東
西很多：桁架、太陽能板、
散熱器、機器手臂、實驗裝
置以及各種裝備。

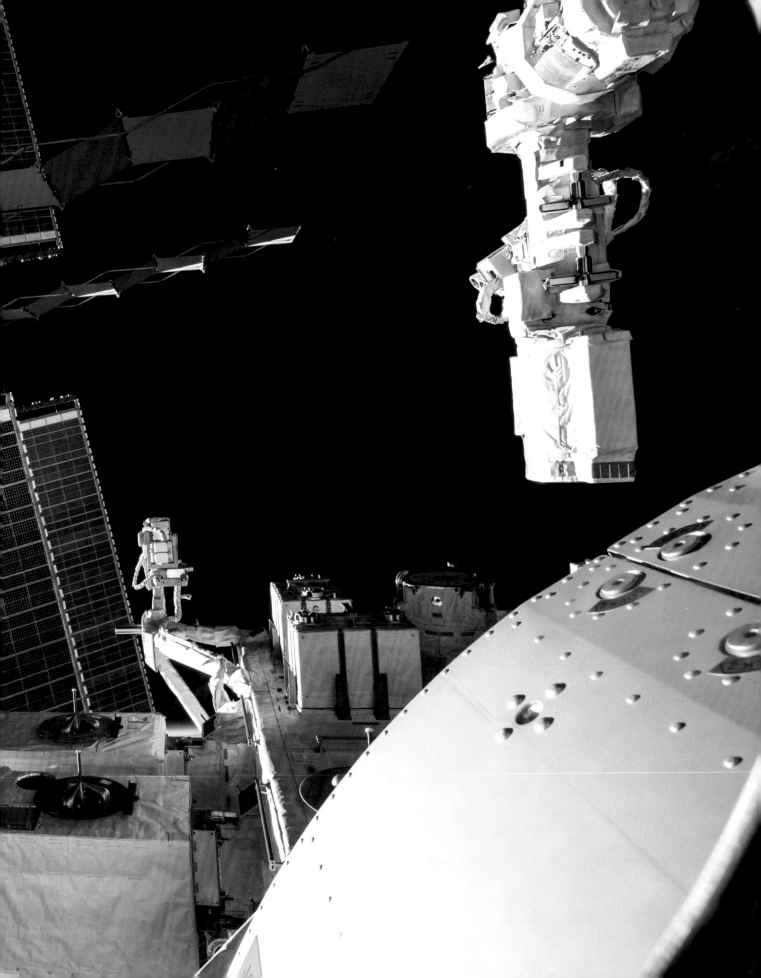

# 白色世界

第二章　地球上的雲和雪

# 2

白色世界

現在我想到地球的時候，想的都是顏色。這種看東西的方式和我們一般在地球上很不一樣。2010年2月，我的第一次太空飛行因為軌道路線的關係，整個任務期間我們都是白天飛在歐洲和亞洲上空，晚上在北美洲上空。在第一次視野清晰的白天飛越（daylight pass）期間，我只見到一種顏色徹底凌駕所有顏色之上：白色。歐洲、俄羅斯、西伯利亞——都蓋上了一層白，尤其是冬天的時候。這樣的白不是只出現在歐亞大陸的某一個角落，或是某個特定區域，而是從一邊的地平線開始，連綿不絕地一直延續下去，彷彿包住了半個地球。從西邊的歐洲平原到東邊的堪察加半島，這是多麼大的一片土地啊，上面居然可以有這麼多的雪，連續幾千公里都是白的。我透過奮進號的窗戶，望著浩瀚無邊的色彩，才意識到在太空中我可以從一個多麼不同的角度來看國家。

地球上的雪當然並不是都下在俄羅斯。2014年11月，進入太空的幾天後，我們在一次白天飛越中剛好通過加拿大正上方，當時已經是一片白茫茫。從那天第一次看見加拿大起，一直到後續幾天的觀察，有一件事是非常清楚的：加拿大從太平洋岸到大西洋岸這幾千公里都蓋滿了白雪，這個景象會一直持續到入春以後。除了雪原之外，還有令人驚豔的冰紋。我看到加拿大東部和哈德遜灣時，根本無法分辨哪裡是陸地，哪裡是結冰的水域。聖勞倫斯河看起來很奇怪，它的冰紋像雲一樣呈漩渦狀，也像一幅現代油畫作品。加拿大的雪原一直

前頁：白雪覆蓋的科德角和麻州東部。
左頁：從太空中看到的加拿大，儘管已入春許久，從東岸到西岸都還是白茫茫的一片，
但從上方看到的結冰形態十分迷人，往往和雲難以區分。

往南延伸到我的家鄉美國。2015年住在美國東岸的人都知道，那年冬天下了非常多的雪。不過美國和加拿大或俄羅斯這些非常寒冷的地區不一樣，美國的雪似乎總是有邊界的——你一定可以找到雪在哪裡結束，不是在亞利桑納州或新墨西哥州的沙漠（這裡是洛磯山脈的終點），就是在美國南方，紐約州和賓州的雪到了馬里蘭州和維吉尼亞州就會消失，變成較溫暖的森林。

不過最迷人而壯麗的冰雪景觀之一，是南美洲巴塔哥尼亞的冰川。這些深藍色高山湖被冰原圍繞，四周盡是雪與冰川形成的驚人紋路。在我想要造訪的新景點口袋名單中，巴塔哥尼亞冰原是第一名！

**我在太空中慶祝過幾乎每一個節日**：感恩節、耶誕節、新年、復活節，當然還有棒球的開幕式，以及美式足球超級盃。每個組員也都有生日會，我們還會慶祝國際婦女節（3月8日）和國際勞動節（5月1日）。在太空中多的是舉行派對的理由。

2014年秋天，我在感恩節前幾天抵達太空，這裡的節日氣氛當然和地球上很不一樣。作為一名軍方飛行員，我曾經派駐過世界各地，在韓國，中東和德國都曾經度過耶誕節和感恩節，所以不在家過節早就不是第一次了。但對我來說，確保在太空中也能慶祝這些特別的日子是很重要的。我只有三天的準備時間，而且還在適應無重力狀態，所以準備工作得盡量簡單。我去食物儲藏室找關鍵食材，先抓了幾包火雞肉，然後去找配菜。到了感恩節那一天，我已經備妥了一整個夾鍊袋的傳統感恩節食物要和組員分享，尤其是我們的俄羅斯太空

2014年耶誕節，我戴著耶誕帽、拿著家人的照片留影。在第42／43號遠征期間，我們在太空中幾乎慶祝過每一個節日。

人，因為他們不熟悉美國人過節會吃什麼東西。我們有輻射照射火雞肉、復水玉米麵包餡、玉米、糖漬山藥、馬鈴薯泥、各式各樣的茶和咖啡、還有藍莓櫻桃水果派。雖然我們沒有一整天都聞到火雞的香味，沒有每年都在感恩節舉行的達拉斯牛仔隊對決底特律雄獅隊的美式足球賽可以看，也沒有可以留到下個星期的剩菜，但我們能吃到這頓大餐確實要感謝很多人哪！

時間似乎過得和我們的飛行速度一樣快，轉眼就到了和第42號遠征的隊友一起在軌道上慶祝耶誕節的時候了，雖然我們的家人都在地球上。任務控制中心特別在耶誕節前夕為我們安排了自由時間，也給我們準備了一些特別的驚

喜。我們在日本任務控制中心「太空站綜合推廣中心」（SSIPC）的同事，為我們製作了一部短片，大約25名飛行控制員穿著耶誕帽、貼上耶誕老人的鬍鬚，用日語一邊跳舞一邊唱〈鈴兒響叮噹〉。組員都愛死了！不過我生日那天獲得的特別待遇幾乎和這個一樣棒，當時任務已經進行了一個星期，我們超酷的座艙通訊員（CAPCOM）雷斯利・林果（Leslie Ringo）特別找人裝扮成瑪麗蓮・夢露，在任務控制中心唱她那首著名的〈生日快樂，總統先生〉給我聽。說驚喜實在不足以形容我當時的心情。而且那一整天所有控制中心（休士頓、莫斯科、日本、慕尼黑、亨茨維爾）都叫我「總統先生」，感覺很爽。可惜第二天我就被降回到「飛行工程師」的頭銜，讓我稍微體會到即將卸任的總統在接班人就職典禮上的心情。不過生日那天實在很有趣，更何況要在太空中待200天，有好玩的當然要儘量把握了！

　　感恩節大餐之後，我理解到食物對我每天的飛行有多重要，不只在節日的時候。休士頓的詹森太空中心的食品實驗室要面對的挑戰，就是如何讓太空人健康快樂。我們所有的食物都要在好幾個月前就製作包裝完成，所以能帶上太空的食物種類非常有限。例如我們不吃麵包，因為保存期限不夠久，而是用墨西哥玉米餅代替麵包——有的太空人每一餐都配玉米餅吃。我們還有幾種不同類型的食物，有「包裝食品」，如袋裝鮪魚、牛肉乾，或是M&M巧克力；也有脫水食品，很多人認為的太空食品就是這一類，這是把肉類或蔬菜經過加工除去所有水分，然後真空密封在塑膠袋中。要吃的時候把這些袋子放進一臺機器，機器會把冷水或熱水灌進去，把它壓一壓搖一搖，等個十分鐘，一頓塑膠袋餐就完成了！我們還有用綠色金屬袋裝的即食菜，類似軍隊吃的口糧。各式各樣的肉類、蔬菜和甜點都是這種形式的包裝，用食物加熱器——和公事包差不多大的加熱板——加熱一下就行了，非常適合我這種人。我不想讓太空愛好者失望，不過我們的食物裡面沒有「太空人冰淇淋」這種東西，就是在世界各地博物館都可以找到的冷凍乾燥拿破崙派。我自己是很喜歡，但是我從來沒有在國際太空站上看到過。

　　在太空中，異國食物是我們的救星。上太空半年後，再美味的食物也會讓人吃膩，這時食物的變化就是提升士氣最重要的助力之一。我選了歐洲和俄羅斯風味的食物作為獎勵食品，這對於我在整個任務期間的幹勁有很大的幫助。我最喜歡的歐洲食物是魚，我們的美國貨櫃裡沒有這玩意兒；他們還有一種很有趣的提拉米蘇。俄羅斯的食物很讚，特別是他們的馬鈴薯泥和魚，當然還有我最喜歡的湯，羅宋湯。在太空中「吃」這件事變成我任務中的亮點，我在太空絕對吃得比我在地球上自己做飯的時候好。比食物本身更重要的是大家一起吃飯那段時間。我們的主餐桌位於太空站的俄羅斯艙段，我發現來到這裡，花

**SSIPC**

日本任務控制中心位於筑波市，在東京北方約一個半小時車程。我去過那邊幾趟接受飛行前的訓練，在實驗進行期間，或在太空站的日本區域做維修工作時，每天都會和他們通話。

**CAPCOM**

任務控制中心裡代表飛行主任和組員溝通的人。飛行主任負責指揮飛行控制小組，對任務的執行下達關鍵決定。

中國新疆是個多山、多沙漠的偏遠地區。從太空中往下看，幾乎每一個大陸都有類似這樣的山脈。

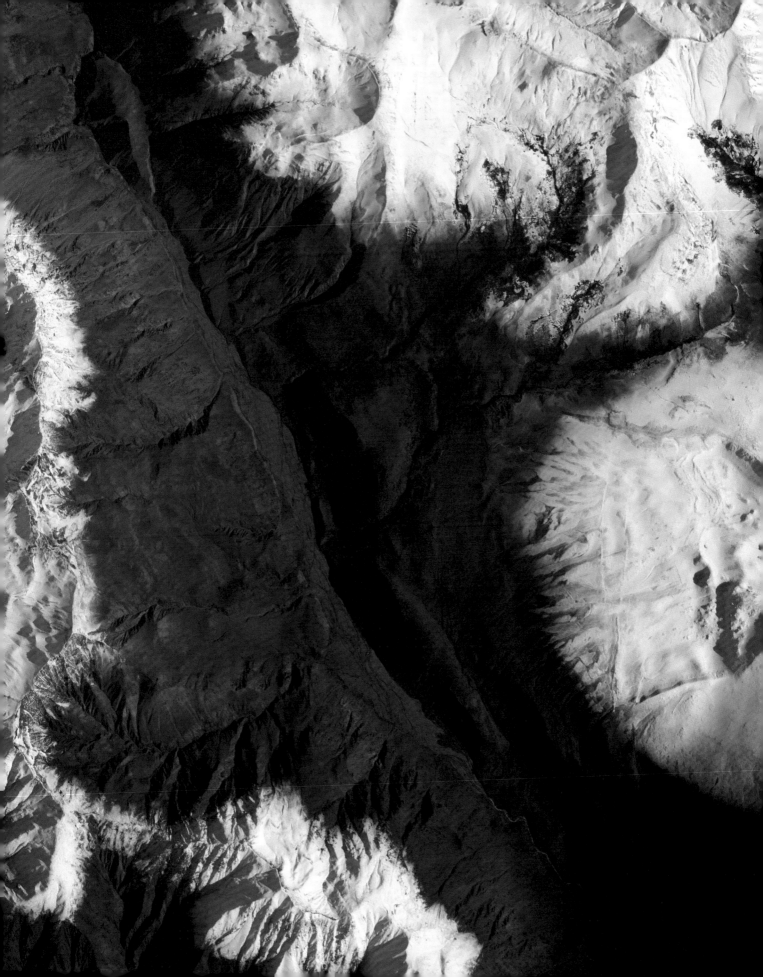

俄羅斯太空人伊蓮娜·瑟若瓦（戴鹿角者）與安東·謝克佩雷洛夫。俄國東正教的耶誕節是在12月25日之後的幾個星期，我們透過影片觀賞一群東正教神父在莫斯科太空控制中心唱耶誕歌曲，幫我們過節。

點時間和大夥兒聊聊今天過得怎麼樣，想想回到地球時打算做些什麼事，是讓我們日子過得下去的關鍵，也讓太空任務成為這麼美好的經驗。

**42號遠征過了兩週之後**，我開始明白一件事：我非常喜歡在太空中拍照。我已經慶祝過感恩節和我的生日，也適應了長期太空飛行的日常生活。在地球上每次遇到節日，我都會拍很多照片，但在太空的情況不一樣。我拍的不是家人和朋友，而是太空站窗外不斷變化的地球和恆星的風景。有太多事情要學了！在地球上拍照時，像構圖、對焦、曝光和ISO等技術上的東西都很容易掌握，但是在太空中，這一切基本動作都要重新學起。在太空中對焦是再重要不過的事，尤其是拍夜景的時候。焦點只要稍微跑掉一點，整張照片就毀了，沒有失誤的空間。在某些曝光條件下，使用手動設定比我們大多數人在地球上最常用的自動模式來得好，因為地球的反光很強，與全然黑暗的太空形成很大的反差，必須慢慢摸索如何得到最佳曝光。但這個學習主題實在很有趣，也沒有比太空站更棒的教室了。

根據我的樣子設計的樂高太空人。這是莎曼珊·克利斯托孚瑞提的男朋友里奧內·費拉訂做的特別禮物，送上太空來給我們。

我拍攝的照片有很高的多樣性，我自己都很意外。有白天用廣角鏡頭拍攝的地表上方大氣層的細弧線，用望遠鏡頭拍攝的城市和地標，夜晚的極光，城市燈光，日出和月升的畫面，這些都需要用到不同的相機設定和鏡頭。我也嘗試了以前沒用過的拍法：可以連續播放變成短片的縮時攝影。太空攝影師能拍的主題是無與倫比的，但要把這些影像完美捕捉下來，牽涉到藝術的部分比科學多得多，我還有很多東西要學。

我一直在想一個問題：我要怎麼和地球上的人分享這些精采的影像？這些照片、縮時攝影和影片中有這麼多有意思的內容，可以帶回給地球上每一個人看。有數以百萬計的人都對我們在做的事情很感興趣，在社群媒體開始流行以前（我第一次太空飛行時都還沒有），我們沒有簡單的管道可以向大家展示太空船上發生的事。在NASA的協助下，我在推特和Instagram上開了帳號。要從

太空發文不是很容易，但我們找到了解決方法。太空站上的網路連線是斷斷續續的，連上的時候速度也很慢，我很難登入然後直接發文。所以我通常是把照片連同一段短圖說，用電子郵件寄給地球上太空人辦公室的專員，他再用我的帳號發文。這樣做之後，我才總算能夠開始大量分享我的太空任務實況。

**太空假期中最難做到的事情之一就是購物。**所謂的難，其實應該叫做不可能，因為根本沒辦法真的做這件事。太空中也沒有快遞可以服務像我這種總是拖到最後一刻才要採買的人。基本上，你只能在升空前先想好要給同事的禮物，要不然就得在太空中即興發揮。我肯定是屬於第二種人。在準備同事的生日禮物和耶誕禮物這方面，我承認我很失敗。我從我收到的愛心包裹裡拿了一些零食，如牛肉乾和巧克力，和一些特別的衣服，像T恤或短褲，用這些東西拼湊成一份禮物。但有些太空站的同事真的很懂得送禮。俄羅斯太空人就送了我們很特別的小禮物。我收到一支口琴，這輩子從來沒吹過，但學起來很好玩。

　　最棒的禮物是莎曼珊的男朋友里奧內‧費拉送的。他請人把幾尊特別訂作的樂高太空人送到太空站來──我的那一尊真的很像我！莎曼珊生日時，他請一位歐洲最好的廚師準備一頓冷凍乾燥大餐，送上來給莎曼珊，自己也在地球上訂了一份一模一樣的餐點，所以在她生日當天他們可以一起吃同樣的一餐。莎曼珊有點緊張，對這件事一直保密。她不想讓大家知道她有個這麼體貼、這麼棒的法國男友，何況他的女朋友還不在地球上！

　　如果耶誕節是你最愛的節日，我建議你和俄羅斯太空人一起進行太空任務，因為12月25日之後的幾個星期就是東正教耶誕節，所以你可以過兩次耶誕節。我在星城（Star City，位於莫斯科郊區）歷史悠久的俄羅斯太空飛行訓練中心受訓時，第一次知道俄羅斯東正教的信仰。從尤里‧加蓋林開始，所有的俄羅斯太空人都在星城受訓。這裡有一座美麗的新教堂，與冰冷的蘇聯時代公寓和訓練中心建築形成鮮明的對比。東正教的伊沃夫神父（Father Iov）就在這個基地擔任類似牧師的角色。這位開朗的男子留著大鬍子，胖嘟嘟的，脾氣溫和，完全就是耶誕老人的完美替身。

　　1月7日，我們在國際太空站上慶祝東正教耶誕節時，伊沃夫神父帶著一群神父從附近的塞吉耶夫鎮（Sergiev Posad）修道院到了莫斯科任務控制中心，我們通過與地面的視訊電話享受了一場音樂會。我們全體人員一起向筆記型電腦螢幕揮手，有些太空人的家屬也和神父在控制中心齊聚一堂，神父用無伴奏合唱的方式唱著傳統的讚美詩。

**雪不是我看到地球上唯一的白。**雲也是白的。從我在太空的第一天起，一直到

**視訊電話**

通常我們每個星期會打幾次視訊電話。有時候是以雙向影像通話，比如這次的俄國耶誕節，或是我們每週的私人家庭會議。不過通常都是單向影像，比如召開記者會，地面上的人可以看到、聽到我們說話，但我們只能聽到地面說的話。

**Terry Virts**
@AstroTerry

地球在微明時分的顏色完全不一樣，像是另外一個星球。

轉推 5,850
喜歡 5,541
7:50 AM – 1 APR 2015

這種海洋與雲層的景象雖然常見，但有了日落時分的陽光反射和陰影，顯得特別美麗。畫面上還看得到地球大氣層薄薄的藍色光輝。

第200天，我都對光影和型態變幻莫測的雲深深著迷。如果說地球的每一區都有一種顏色，那麼每一區的雲也都有自己的型態。到後來，我只要瞄一眼下面雲層的形狀，就知道我們是在地球哪個位置的上空。

我見過最有趣的天氣現象之一，是在大西洋最東南角的非洲納米比亞外海。納米比沙漠是地球上最乾燥的地方之一，可以看到許多超過300公尺高的驚人沙丘。其實，我第一次從太空中看到這些沙丘的時候，只是覺得哇塞，這些沙丘還真大，渾然不知這正是地球上最大的沙丘。每次我往這片荒蕪大地的沿岸海域看去，都會看見一種特定的天氣結構：一層在大西洋上空綿延數百公里的低矮薄雲，顯然從來沒有給那片乾燥的沙漠帶來一滴水。

世界另一頭的太平洋也有自己的一層白。我看到連綿數千公里的開闊藍色海洋，上頭點綴著蓬鬆的雲朵。太平洋的中央區域看起來很平和，通常沒有什麼暴風。白天飛越太平洋時，我最喜歡的時刻是黃昏和黎明，特別是西南太平洋，這裡可以看到巨大的雷爆往上延伸到平流層，有時甚至遠高於1萬5000公尺，在地球表面投下數百公里的影子。有一次，我在太平洋上一個不知名的島嶼上空時，想到那些此時此刻正在經歷暴風雨、閃電和狂風的島民，而我正從上方看著這一切。只是從外太空我可以用整個星球的角度來看這件事，那只是地球巨大表面上的一個小點而已。這給了我一個深刻的啟示——我們在日常的水深火熱之中，通常察覺不到還有一個更大的整體。

南太平洋通常很平靜，北太平洋則是完全相反。阿留申群島是個超過1500公里的島鏈，分隔阿拉斯加和俄羅斯，以惡劣天氣聞名，我從太空看到的景象也確實是如此。最令我印象深刻的是奇怪的氣旋天氣型態。這些暴風不像典型的颶風那樣充滿了連續雲帶，而是由幾組涵蓋了數百公里的薄螺旋狀雲帶組成。我常在想，這些看起來很像螺旋星系的暴風最後是不是會來到美國西岸。在北太平洋也經常可以看到一種不這麼暴烈的雲，只是一整片的小點——那是分散在地表上的蓬鬆積雲。太陽在特定角度照上去時，這些細小的雲層會呈現非常有趣的型態與反光。

沿著太平洋一路往下來到南美洲的尖端，則是地球上十分有趣的一個角落：火地島和麥哲倫海峽。這些地方幾乎總是被雲層覆蓋，我在太空站的200天裡，只有真的看到陸地兩三次。頭一次看到這些島嶼時是南半球的夏天，我想到了當時的海象是多麼危險，而費迪南·麥哲倫和法蘭西斯·德雷克爵士等人居然早在16世紀就能架著帆船通過這片暴風肆虐的水域。而將近500年後，我身為一個人類，竟然可以航行在太空中，俯看這個星球。不知道當年那些探險家可曾想過，人類終有一天會登上太空？

再往南則是環繞南極洲的水域：南冰洋。地球上再也沒有比這裡看起來更

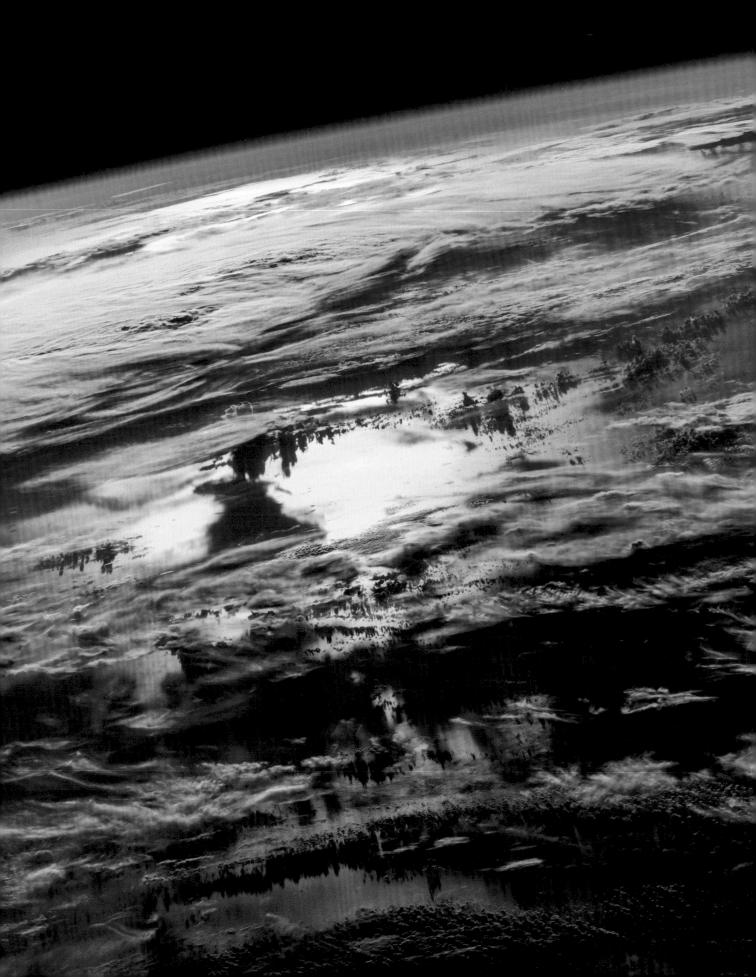

危險、更詭異的地方了。這片海域在我們繞地軌道的南邊，總是覆蓋在厚厚的雲層底下，我很少看到它露臉，不過偶爾會看到幾座冰山。如果說北太平洋出現螺旋形風暴是不尋常的，那麼南冰洋出現螺旋形風暴可以說是特異現象了。它的螺旋結構看起來比較像一個星系，而不是典型的天氣型態，我從來沒有看過地球上有類似的東西。我曾經讀到1917年沙克爾頓爵士和堅忍號（Endurance）船員冒著這種詭異的風暴，划小船從南極洲逃到南喬治亞島的驚險故事。我現在從外太空這個視野絕佳的位置上看，更能體會當年他們九死一生、奇蹟似生還的境遇。

亞拉拉特山（Mount Ararat）是傳說中諾亞方舟停靠的地方，也是土耳其的最高峰。

**假如你可以在太空中**待上24小時，不需要工作，所有時間都在看窗外，你一定會被不斷上演的難忘景象震驚得說不出話來。其中有一種會讓你終生難忘，我保證你不可能在地球上見到類似的東西：那就是夜晚出現的驚人雷暴。我的第一場閃電秀是STS-130任務期間在南美洲上方看到的，當時我簡直不敢相信自己的眼睛。在這麼大片的區域上方，我每秒鐘見到的閃光多到像國慶日的煙火一樣。我21歲在美國空軍接受少尉飛行員訓練時，被教導說「承平時期的任務是不會要求你在雷暴中飛行的」。假如飛行員決定要飛，那麼雷暴中的亂流、冰雹、豪雨和閃電一定會讓他很有得受。從太空實際看過雷暴的樣貌後，我只能說「好家在」我們不用在那裡面飛！無論我在太空待多久，雷暴總是讓我著迷不已。返回地球前一個月，我來到穹頂艙，讓自己自由漂浮，不去碰任何牆壁，在飛過非洲上空時，播放歌手恩雅的〈非洲風暴〉（Storms in Africa），看著底下叢林中難以想像的精采表演。這真是絕頂的體驗。

晚上看得到閃電，雲卻是幾乎看不到的。白天則可以看到暴風雲，但看不見一道道的閃電。但有時候各種條件會剛好到位，就有機會看到大自然的完整演出。在STS-130任務的最後，我們得將奮進號從太空梭改裝成飛機，準備返回地球。我和組員史蒂夫‧羅賓森（Steve Robinson）正在裝卸區把太空梭機器手臂放回它的載具中。這工作大部分是史蒂夫做的，我都在拍照。我們在黃昏時

分飛越南美洲上方，剛剛好趕上亞馬遜盆地每天的雷暴，巨大的雷雨雲中打出一道道強烈的灰藍色閃電，我們完全沒有預料到會看見這樣的景象。

**對大多數人來說**，《魔鬼終結者》（Terminator）是一系列由阿諾·史瓦辛格主演的電影。在太空中，所謂的terminator是指地球表面上日夜分際的那條線，稱為晨昏線，從白色過渡成藍色再到黑色。我在傍晚駕駛噴射戰鬥機時看到很多次晨昏線。這讓我想到小學六年級的一堂天文課，老師拿著手電筒照向在教室另一端的籃球，一條長長的黑暗通道從太陽通過大氣層，延伸到黑暗的空間中，就像白天和黑夜之間的物理界線。從我在太空中的有利位置，可以清楚地看到太陽照亮了一半的地球，另一半則是漆黑一片。我們學過這個概念，卻無法在地球上看到。我第一次看到晨昏線時不禁倒抽了一口氣。地球鮮明的藍白色在黎明中褪為柔和的色彩，然後變成我所見過最黑暗的夜晚。對我而言，這是令人難忘的太空景象。

在太空中的任務一天天過去，我對地球也開始有了新的看法。我對攝影愈來愈感興趣，漸漸把注意力放到攝影上，想要用它來和更多人分享我的經歷。在地球上我大多是拍我的小孩，有機會的話也會拍日落、山景或海景。我從小就喜歡拍照，不過老實說，我大部分只是用相機的自動模式，偶爾在拍室內籃球賽時才會調整快門和感光度。不過在太空中我學會了很多新的技巧。在繞地軌道拍照是攝影者的夢想，我很興奮能拿著相機，進行這場畢生難得的冒險。

經過了這一整趟的長期太空任務，我才開始能夠吸納太空飛行的所有景致、聲音和經驗。我是一直到得以連續好幾個月觀察地球，才真正懂得欣賞這些事情。這是眾多意料之外的驚喜之一：親眼看到水這麼大範圍地覆蓋了我們的星球，驅動了幾乎每個層面的事。我很驚訝這個星球上有這麼多地方是白色和藍色的，並且充滿了我無法想像的圖案。那一年冬天，我對我的母星的認知發生了根本上的改變。■

**史蒂夫·羅賓森**

STS-130的飛行工程師。他在我跟贊波駕駛太空梭時幫忙打點大小事，在太空中也負責操作太空梭機器手臂、引導我們進行太空漫步，為新的穹頂艙和第三節點艙進行內部機械維護工作。

**太空梭機器手臂**

太空梭的機器人操作系統（SRMS）用來把酬載從太空梭移到太空站上，操作檢修吊臂，以及拍攝太空梭易受損處及隔熱保護層，以確保太空梭能承受重返地球大氣層時的高溫。

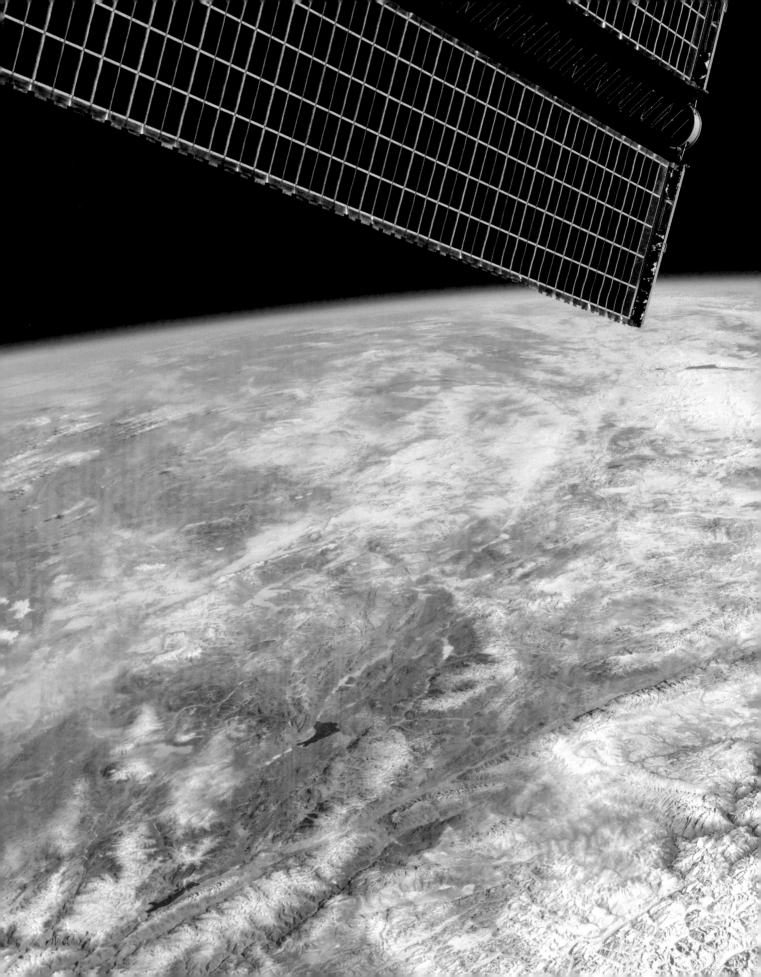

這個畫面攝於巴基斯坦上空。即使是巨大的喜馬拉雅山,比起中國的沙漠和印度的叢林似乎都相形渺小。

中國西北部新疆地區的鳥瞰
畫面。

上圖：俯瞰智利索馬雷茲島（Isla Saumarez）。
右頁：阿根廷巴塔哥尼亞與烏普薩拉冰川的藍綠色與深綠色。

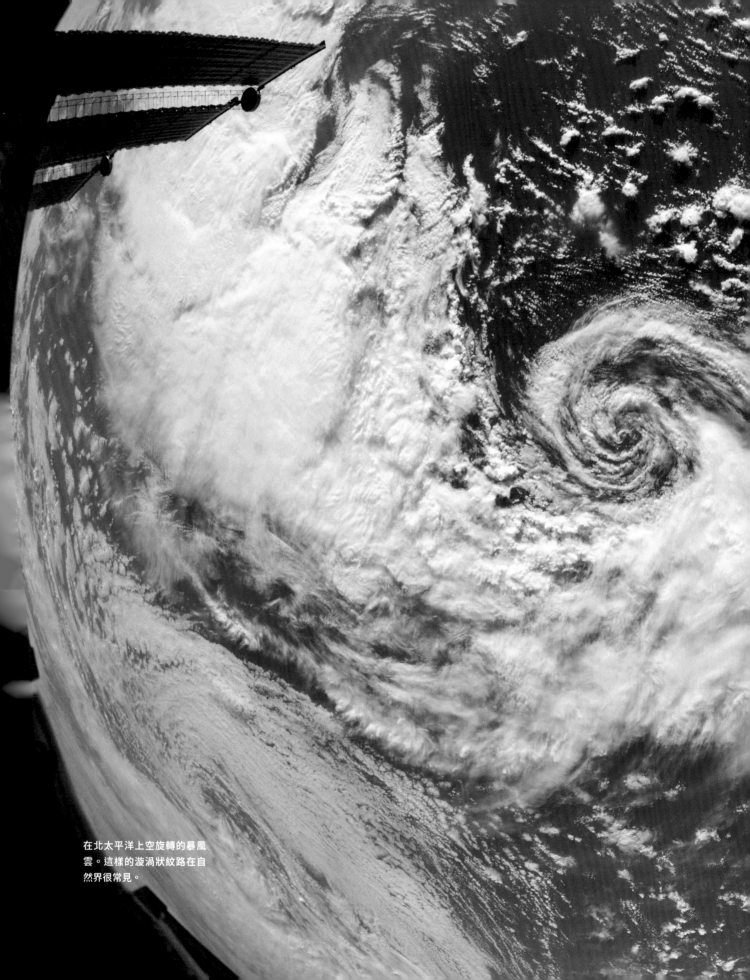

在北太平洋上空旋轉的暴風
雲。這樣的漩渦狀紋路在自
然界很常見。

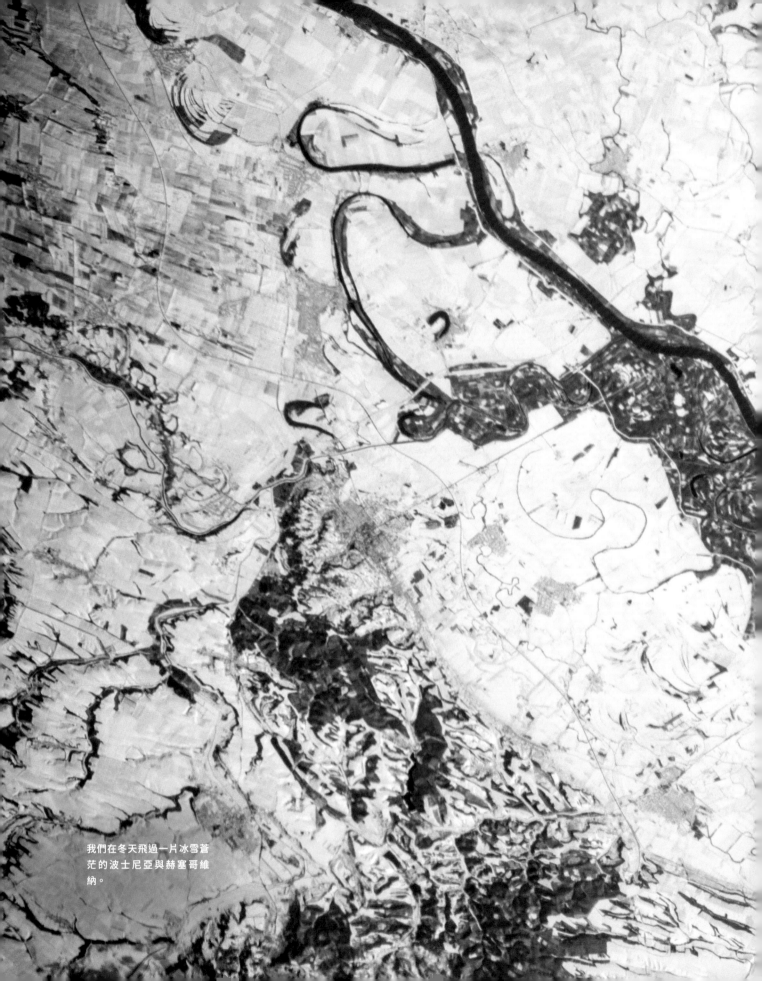

我們在冬天飛過一片冰雪蒼茫的波士尼亞與赫塞哥維納。

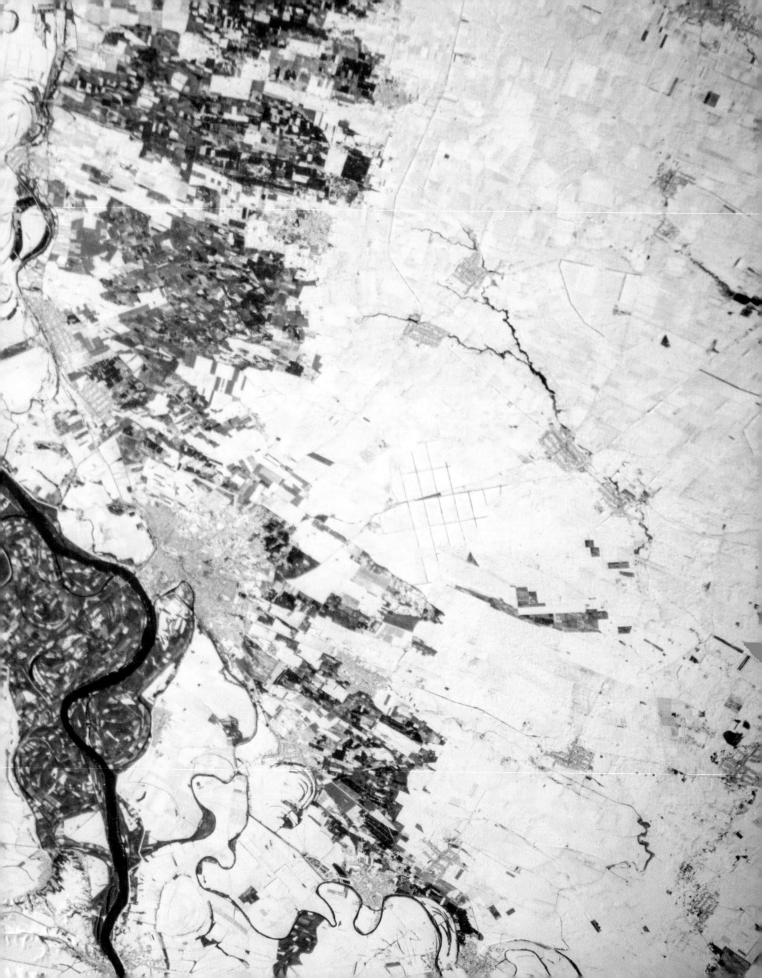

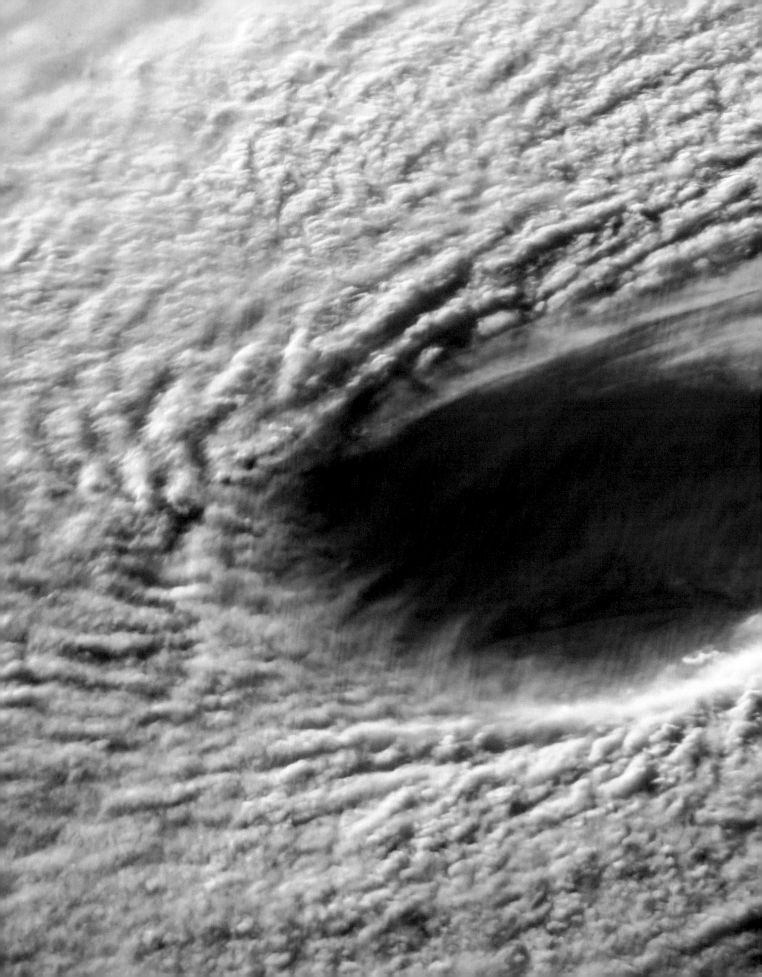

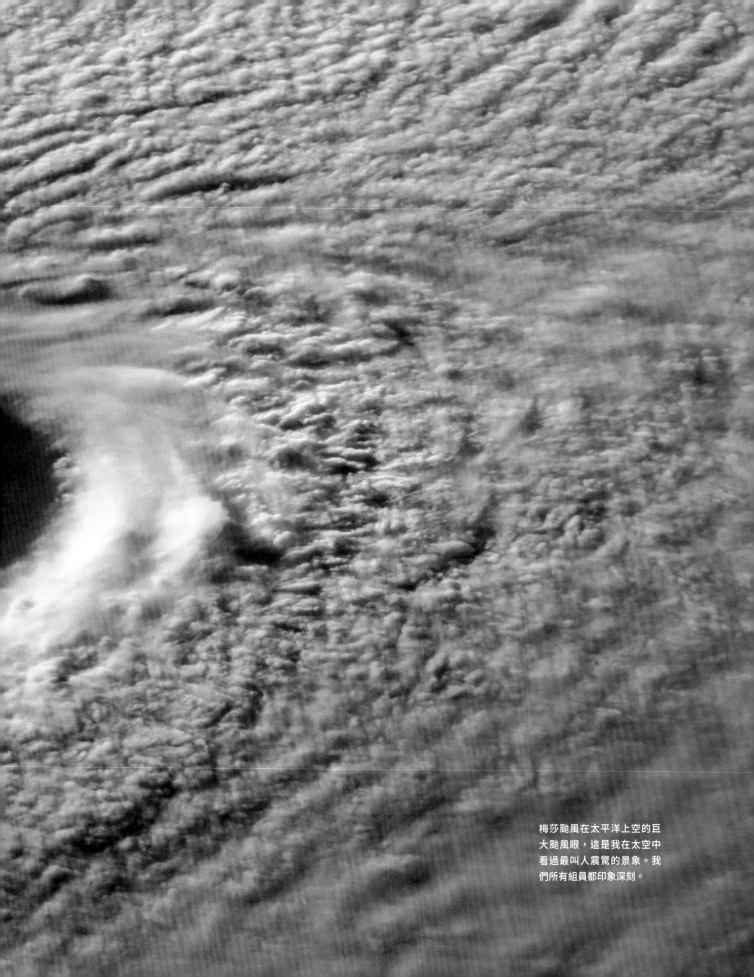

梅莎颱風在太平洋上空的巨大颱風眼，這是我在太空中看過最叫人震驚的景象。我們所有組員都印象深刻。

# 我們在宇宙中的位置

第三章　在太空中找到歸屬

## 我們在宇宙中的位置

**太空中的第五個晚上**，我爬進睡袋閉上眼睛的時候，唯一能想到的事情是我有多想好好睡一覺。睡眠本來就很寶貴，而在忙碌的太空梭飛行期間更是我迫切需要的。但就在這時，我看到了一道強烈的白光，彷彿相機的閃光燈突然在我眼前閃了一下。不過當時並沒有相機，我的眼睛也是閉上的。更奇怪的是，也沒有任何聲音。但當下我馬上就明白我看到什麼了：宇宙射線光幻視（cosmic ray visual phenomenon）。我聽說美國和前蘇聯的太空人早在60年代就已經注意到這個現象，不過許多人因為擔心被人認為是瘋子，所以一開始不敢回報。此後這個現象獲得充分證實，許多太空旅行者也自陳有過同樣的經驗。

地核的某種特殊性質在南美洲和非洲之間創造了所謂的「南大西洋異常區」（SAA），這裡的地球磁場比較弱。地球磁場通常可以屏蔽「銀河宇宙輻射」這種非常高能量的粒子進入地球，也讓范艾倫輻射帶（Van Allen radiation belts）保持在這個位置上。每當國際太空站飛越SAA時，我們就會接觸到流量比平常大得多的這種強烈輻射。

我先後和18個人一起在太空中飛行過，每個人看到的白色閃光型態都不一樣，也有人完全沒有看過。儘管閃光的形狀不同，但每個人都是在閉眼之後的黑色背景上看到白光。他們有時看到一個完整的白圈，通常是一個星爆圖案，

前頁：南半球上空明亮的南極光。
左頁：大約有一個月，我都是戴耳機聽著雨聲入睡。在寂靜無聲的太空船待上幾個月後，
來自地球的聲音都十分悅耳。

有時候是一顆不對稱的星星，像掉在地上的一滴油漆。這些形狀我都看過，不過我經常會注意到中間有一個圓盤，有幾條線從裡面放射出來。我總是在閉眼時幾乎全黑的狀態下「看到」一道白色閃光。

　　第一次看到這種閃光時，我既驚訝又困惑，於是我開始思考這到底是怎麼回事。超高能量的輻射穿過我的頭骨和大腦，撞上了我的視神經，我的大腦將這種訊號解讀為一道白色閃光。但每次我看到這種白色閃光時，無數個類似的輻射粒子也都撞上了我身體的其他部位，有可能會損壞我細胞內的DNA。我警覺地意識到，自己一直處在地球上任何地方都不存在的輻射下。在地球上，我總會仰望夜空看著宇宙，但這些宇宙射線讓我領悟到在某種程度上，我的身體和意識都感受到了宇宙。

**小學六年級時**，我拿到了人生第一支望遠鏡，那是直徑15公分的牛頓反射式望遠鏡，基本上是大眾款，用來進行基礎觀察很好用，如月球、行星、附近的星雲和星系等，但看不到太多細節，也無法捕捉天體從宇宙遙遠的另一端發出來的微弱光線。耶誕節收到這份禮物時，我對望遠鏡一無所知。有很多事情要學，包括如何架設，如何利用北極星進行校直以補償地球的緩慢轉動，如何使用不同的鏡頭進行拉近或推遠觀察，如何在夜空中尋星、找出北極星和主要星座的位置，以及除了月亮之外還可以看到哪些有趣的天體。（梅西耳星表中的M13、M31和M42幾乎是我天文能力的極限了。）

　　小時候這些學習天文學知識的經驗，使我對太空的興趣愈燒愈旺，也讓我懂得自主學習。在馬里蘭州哥倫比亞的家中觀星的那段日子，我記得最清楚的心得是要看見夜空中的東西真的很難。天上似乎就只有那麼幾十顆星而已，其他的都太遠，幾乎是看不見的。我那時還不知道巴爾的摩－華盛頓走廊的霧霾和光害有多麼嚴重。

　　後來我在加州猛獁湖第一次看見晴朗的夜空時，不禁倒抽了一口氣。在內華達山山頂這個優越的位置上，沒有溼氣或光害問題，所能看到的星星數量實在令人乍舌。這是我第一次直接用肉眼看到數百萬光年外的星雲和星系，讓我看得完全忘了呼吸。那時我還不知道，這跟我將來會在國際太空站上看到的景象比起來根本是小巫見大巫。

　　國際太空站上的每扇窗都有幾個玻璃窗格，在夜裡如果站內開了燈，燈光從玻璃反射回來，我們就幾乎看不到任何恆星或行星，這情況就像晚上在家裡的客廳看不到外面的東西一樣。另外燈光會讓我的瞳孔收縮；同樣的道理，阿波羅任務的太空人在月球上拍攝的照片裡看不到星星，因為他們的相機是根據白天的亮度來曝光，在這種設定下拍不出星星。但如果我關掉站內的燈光（包

**范艾倫輻射帶**

地球磁場在地表上方1000至6萬公里處創造的區域，可以攔住來自太陽風的粒子，保護位於輻射帶下方的太空人。國際太空站的軌道刻意設計在低於這個高輻射區以下，以保護太空人。

**梅西耳星表**

法國天文學者查爾斯・梅西耶（Charles Messier）在1770年發表了一份列有110個天體的清單，詳細記錄了夜空中最明亮的天體。M13是武仙座的一個星群，M31是仙女座星系，M42則是獵戶座星雲。

括穹頂艙和接鄰艙段全部的燈都要關），無數的星星就會突然出現，就像夏天入夜之後會看見螢火蟲一樣。

　　看到這麼一大群恆星往往讓人覺得很不真實，彷彿我正在好萊塢電影裡飛越銀河系，看著星星緩緩升起，又沒入地球後方。但這不是特效，是真實場景，而且我就坐在第一排，用肉眼欣賞這場天文學奇景！

**有幾個因素讓太空中**看到的夜空與地球上不一樣。首先，也是最重要的，宇宙的浩瀚與恆星的數量讓人目不暇給。而且你可以真正看到大氣層，以好幾種不同的形態出現，視我們的視角，以及與太陽的相對位置而定。

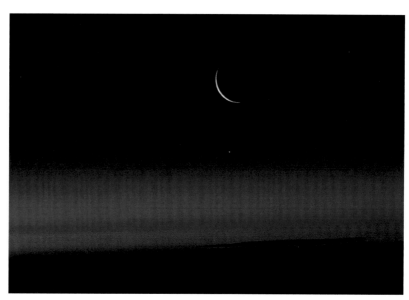

　　在白天，大氣層是出現在地球邊緣的一條纖薄藍線。這條藍色的細帶子裡還有更細的線條結構，按照海拔高度分隔出不同的區域，在日出或日落時形成鮮明的藍色、粉紅色、紅色、橘色，甚至綠色光帶，讓我百看不厭。在我看來，每一次日出和日落都是獨一無二的——它的時間長短、實際色調，甚至可以從大氣層中看到的雲層型態，都依太陽的位置（無論是在我們前面或是偏一邊）、甚至我們在地球上空的位置而異。但有一個共同特點是永遠不變的：這是一條很薄的帶子。

一道新月。我在太空中進行的實驗之一是「月亮」。顧名思義，我在這個實驗中拍攝了一系列月亮的照片，用來校准NASA獵戶座號太空艙上的導航偵測器。

　　不過到了晚上又完全不一樣。原本薄薄的大氣層看起來比白天厚很多倍，一開始我還懷疑是我的視力有問題。我在心裡告訴自己，一定是因為我是菜鳥，不知道自己看到的是什麼東西。但是第二天、第三天，我看到的依然是一條很寬的棕色帶。看了五天之後，我偷偷問一位比較有經驗的太空人：「請問，你有注意到晚上這條棕色的寬帶嗎？」同行的太空人唐 佩蒂特（Don Pettit）博士終於向我解釋這是不同的臭氧、氧原子等粒子的波長的關係，這些波長只有在夜間才看得見。

　　在國際太空站待了兩個月後，我學到了一些關於夜晚出現在大氣層上方的螢光綠色帶的知識。我一直以為這是某種微弱的綠色極光，雖然它出現的地方遠遠超過我平常看到極光的區域。最後是我的一位推特粉絲提出了解釋，他説

這不是極光，而是一種叫做「氣輝」（airglow）的現象。這個螢光綠色帶有一部分是由於氧分子在海拔約100公里處與電子重新組合引起的。我經常在非洲上空看到的紅色輝光則是來自更高處的氧原子，約海拔140公里至290公里之間。

長久以來，我一直以為大氣層在地球上各個地方基本上都是一樣的。第一次太空梭任務時，我醒著的每一分鐘都十分忙碌，所以一直沒時間注意這些細微的差別。但在長期任務中，我開始注意到一些細微的變化。有一天晚上，我正滿心期待可以在非洲上空再一次看到精采的閃電秀，就在非洲大陸開始進入穹頂艙的前窗視野時，我注意到夜晚大氣層外圍有一道微弱的紅色光輝。起初很小，但愈來愈大，最後看起來就像大氣層上方的巨大紅色極光，幾乎要爬升到我們的高度。隨著我們朝澳洲飛去，它也慢慢消失在北邊的遠方。之後我注意到這個紅色幽靈又出現了幾次，通常是在非洲上空，但偶爾也會在其他赤道地區出現。佩蒂特博士告訴我這是一個眾所周知的光學現象，並隨即向我解釋埃（波的長度單位）、海拔高度和化合物等相關細節。不過從我這個戰鬥機飛行員的角度來看，更重要的是這個現象真的很酷。

我在第三次太空漫步之後回到氣閘艙。在太空站外活動已經十分費力，這次還臨時須要延長工作時間，回到氣閘艙時我又弄了半天才把閘艙口關上。

**我在2015年5月13日飛進了極光**，那是非常超現實、甚至超自然的感覺，也是我生命中最神祕的體驗之一。南極光是太陽輻射沿著地球磁場向地球表面移動所引起。當輻射撞擊到大氣層上半部，會使大氣層發出綠光，甚至是紅光。磁南極距地理南極有將近3200公里，使極光靠近國際太空站的軌道。然而，磁北極距離地理北極只有幾百公里，因此北極光離國際太空站甚遠。

我獨坐在穹頂艙中，希望能看到很強的極光，結果也不負我的期待。遠遠地我就看得出這不是一場普通的極光，會非常、非常大。雖然極光可以環繞地球一整圈，延伸數千公里長，但一般都比我們低得多，且經常侷限在某個範圍內。這次我可以看到螢光綠色的霧氣，裡面夾雜著紅色。一般來說，極光隨著太陽風與磁場的交互作用而飄移、舞動，但是這一次極光的流動和移動方式看

起來就像有生命一樣。這一晚最不可思議的時刻，是太空站實際從極光中穿過──我就漂浮在活生生的綠色輻射雲之中。

能獲得這次經驗其實是機緣湊巧。43號遠征臨時延長了一個月，在這段多出來的時間裡，我們遷移了一個稱為永久性多功能艙（PMM）的儲存艙。在搬遷之前，它擋住了我們飛行路線右側的視野，因此在穹頂艙中無法清楚看到南半球的極光。搬移了PMM之後，視野變得開闊無礙，在5月和6月我有好幾個星期可以盡情欣賞精采的南極光。

就在看到這場極光的前幾天，太陽表面的核融合活動發生了一次強烈的能量噴發，釋放出來的能量相當於一顆地球這麼大的熱核彈爆炸。這次爆炸把超過10億噸的物質，主要是電子和質子，通過太陽的強大磁場推送出來，加速到每秒超過1600公里。這種驚人的自然現象稱為日冕巨量噴發（CME）。大多數的CME發射到太陽系中，不會造成什麼傷害，但偶爾這種高能輻射的行進方向剛好指向地球，大量的高速粒子會在幾天後撞上地球磁場，被導向南北兩個磁極，地表上方數百公里的氧和氮分子被這些輻射激發，產生一種驚人的綠色、有時是紅色的光。就在這一夜，這些輻射撞上我們大氣層上半部的時候，我正巧從這裡飛過去。

我會永遠感謝這次幸運的機緣，讓我有機會得到這樣的經驗。先是PMM搬遷掃除了我在穹頂艙的視野障礙，然後是CME發生的時間點恰到好處，最後是我在對的時間飛到對的地點，又剛好還醒著，這一切共同成就了一場完美風暴。這次看到的南極光，是我在太空中最難忘、最震撼人心的景象之一。

**看著我們的軌道在幾秒鐘**、幾分鐘、幾天、甚至幾個月之內發生的變化，是很令人著迷的，感覺就像坐在教室的第一排聽牛頓上物理課，軌道力學就是這堂課的黑板。我時時刻刻都可以清楚感受到我們正以超高速飛行，因為熟悉的城市、地標、甚至國家都靜靜地在底下快速飛過。只要短短幾分鐘，我就能實際看到地球本身的運動。我們是直直地往前飛，而地球是緩慢而穩定地向東旋轉。比較兩次繞行地球之間所見的景象差異，特別能明顯看出地球的東向自轉。如果我們先是飛越了佛羅里達州，一個半小時飛完一圈之後要進入下一圈時，我們飛越的會是德州，佛羅里達州則會在明顯偏東的地方。

我們每天的軌道位置變化更細微地展現了物理定律。由於稱為「交點退行」的現象，我們的軌道每天會慢慢向西移動幾百公里。例如，如果我們某一天中午經過開羅，第二天中午我們會變成是在開羅西邊幾百公里的沙漠上。交點退行是因為地球不是一個正圓球（和我們大部分人一樣，地球的中段有點豐滿），這些多出來的質量產生一個引力，使我們的軌道略微往西移。假如我們

**PMM**

太空站上有三個「多功能後勤艙」（MPLM）。太空站還在組建時，太空梭就是使用這些艙來載運物資。2011年，太空梭任務STS-133在離開太空站之前，留下了多功能後勤艙「李奧納多」，作為永久性的儲存艙，並重新命名為PMM。

42／43號遠征中的第三次、也是最後一次的太空漫步。我們把兩包纜線扛到太空站桁架的另一端，幫未來的美國太空艙提供通訊。

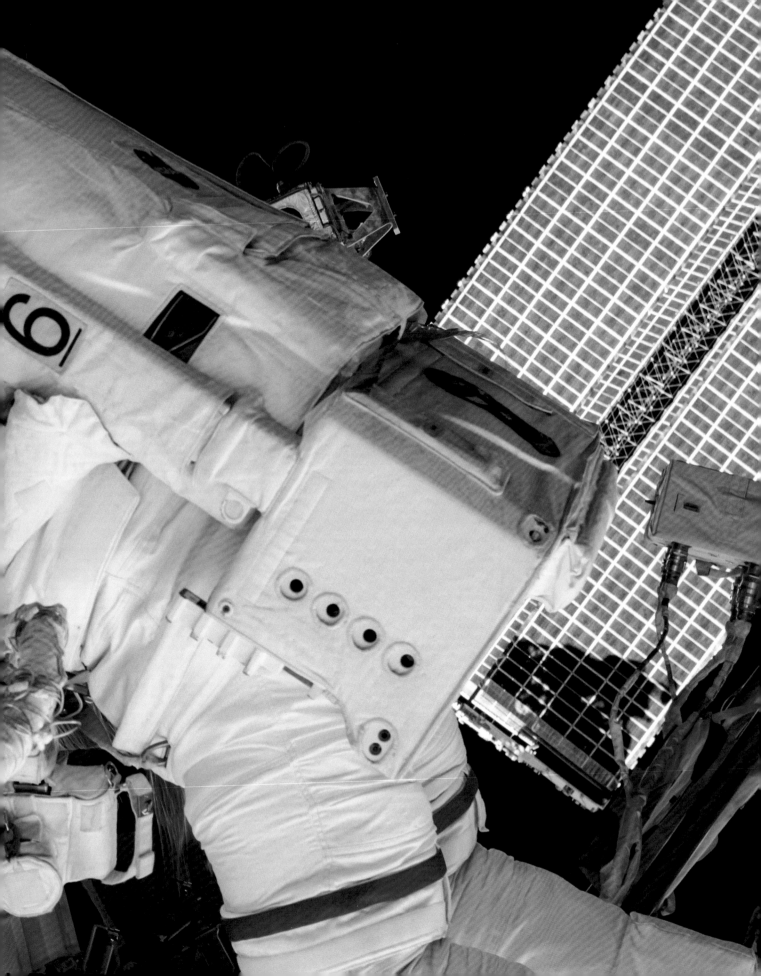

從太空站的左舷，越過散熱器和大型的Ku波段天線往右舷看去，可以看到中間的AMS天文學實驗裝置，以及右邊的聯合號40S。

如果我關掉站內的燈光，

無數的星星就會突然出現，

就像夏天入夜之後會看見螢火蟲一樣。

是在月球上飛行，這種效應會更明顯，因為月球的質量分布非常不均勻。NASA
的太空船在環繞月球時，就是因為這個現象吃了不少苦頭。

　　把時間尺度拉長到幾個月來看，又是一番不同的景象。NASA用 $\beta$（貝
塔）來表示這個偏移量，基本上就是衡量太陽落到我們軌道左側或右側的程
度。如果 $\beta$ 是0度，代表太陽在正上方，這是軌道的正午，我們影子會垂直落在
下面的地球上。此時白天會比45分鐘多一點，黑夜則略短於45分鐘（因為國際
太空站位於離地表很高的位置，軌道的白天總是比夜晚長一點）。而如果 $\beta$ 是
90度，代表太陽在國際太空站的正右側或正左側。這時如果從面向側面的窗戶
看太陽，你會發現太陽似乎停留在窗戶上的同一點。

　　太空站的繞地軌道與赤道夾角是51.6度，表示軌道每隔幾個月就會在高低
$\beta$ 之間搖擺。在冬季或夏季，太空站的 $\beta$ 值是最極端的，最大可達75度。我在
200天的任務期間，經歷了兩次 $\beta$ 值非常大的時期，超過一個星期都沒有看到太
陽下山。2015年1月2日，我透過面對太陽的俄羅斯氣閘艙的窗戶拍了一系列照
片，做成一段縮時攝影短片，從短片中可以看出我們繞地球飛行時，太陽是繞
著一個小圓圈旋轉。這是我最喜歡的作品之一。對我來說，高 $\beta$ 值有好有壞，
就攝影而言幾乎只有壞處，因為在暮色中永遠沒辦法清楚看到地面上的東西，
也無法拍夜景，儘管雲和暮色時的光線都很美。再者，繞地飛行時，看到側窗
外的太陽幾乎是靜止的，也是很特別的體驗。不過經歷了一個星期的黃昏之後
第一次看到日落時，我們總是會稍微慶祝一下。畢竟回到比較「人性」一點的
時間表，感覺還是很不錯的。

**各種年紀的孩子都問過我這個問題：**「你在太空中會看到什麼？」很多人以
為，因為我們在太空，一定可以從比較近的距離看到金星或木星等天體，甚至
可以看到銀河系中心的黑洞。可惜，在宇宙的超大尺度之下，軌道上的太空船
和行星的距離並不比地球上的人近多少。不過我們的確可以更清楚地看到這些
天體，因為沒有大氣層干擾我們的視線。但我們仍然需要透過一個有好幾層玻
璃的窗戶來看，其中一些窗戶上面會有塑料塗層，防止玻璃刮傷。不幸的是要
拍照的話，這些窗格在鏡頭拉近時畫面就糊掉了，白天時還會反射太陽光斑，

讓照片充滿亮點。

　　雖然我們的軌道並沒有顯著拉近和行星的距離，但我確實比在地球上更能注意到行星的位置和運動模式。我在太空中一直知道水星在哪裡，但在地球上我明確找到水星的次數是屈指可數的。這並不是因為水星的大小還是距離，而是因為它很接近太陽。在地表上，我們只能在清晨黎明或日落後的黃昏中看到水星，但在幾分鐘內它就會降到地平線以下。在地球上，水星在天空中的位置往往會被樹木、房子、霧氣或雲層擋住，因此大多數的人幾乎都沒有看過這顆熾熱的行星。但在軌道上就不一樣了。2014年12月的一天早上，我正在穹頂艙裡看日出，我看到到金星招牌的明亮黃色圓盤，而在它正下方靠近太陽的地方有個較小的光點。我不敢相信那是水星，因為真的太清楚太明顯了。我用iPad的星圖應用程式確認了那真的是水星！我開始對這個小小的行星產生一種特殊情感：大多數人在凝視夜空時總會忽略它，但我從我的軌道天文臺卻曾經這麼清楚地看過它。

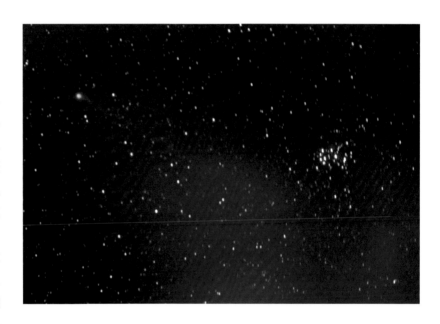

照片中的小綠點是洛夫喬伊彗星（Lovejoy）。它在昂宿星團旁，在一群擁擠的星海中不太容易看見。

　　要看到太陽系外行星的難度又是另一種等級。如果穹頂艙裡有燈光，甚至是日出或日落時殘留的光線，就會比較容易看到外行星。而艙外完全黑暗時，星星的數量多到爆滿，根本不可能從背景中找出任何星座或行星。每個在我們附近的行星都有各自的顯眼之處，木星是體型巨大，火星是顏色鮮紅，土星也勉強看得到——前提是它們沒有迷失在茫茫星海之中。

　　要看到這些遙遠的行星還有其他困難之處。因為穹頂艙位於太空站底部，面向地球。因此我們漂浮進入穹頂艙時，身體通常是頭下腳上，頭朝向地球。想像一下你倒立著走到院子裡看夜空是什麼感覺——這和你平常習慣看到的夜空視角完全不一樣！我可以花一點工夫扭曲身體翻過來，讓我的頭朝向比較正常的方向（對著天空），這樣星座看起來比較熟悉，能大大提升我的腦部處理效率，不過這種複雜的體操我只做過幾次，後來就懶了。而且我們的飛行速度很快，一下子就跨越南北兩個半球，這兩邊可以看到的星座組合是不一樣的，

常常搞得我暈頭轉向，因為我們究竟在哪個半球不一定能夠清楚分辨，特別是在夜晚的黑暗中。以上就是我針對「在太空中可以看到行星嗎？」的詳細回答。簡單的回答是：可以，除非是在漆黑的夜晚，背景有幾十億顆星星的時候。

**雖然我所做的天文觀測活動**大多純粹出於興趣，而且是利用我的私人時間做的，但我也參加了一項名為「月亮」的實驗。我們在太空站上有個「待辦清單」，會出現在我們的每日行程上，內容是一些地面希望我們完成、但沒有時間排進工作表裡面的雜務。如果組員提前完成進度，或者在週末想找點事情做，就可以自由從待辦清單裡面認領一件工作做。比如更換燒壞的燈泡、採集太空站周圍的環境樣品、整理器材，或是進行各種實驗。

穹頂艙七扇窗戶的遮光門全部關上時，用魚眼鏡頭拍攝的景象。可以看到太空站的內部倒映在窗戶上。

有一天我在待辦清單上看到一件叫做「月亮」的工作，覺得很好奇。我得知這是一項實驗，需要拍攝一些符合特定條件的月球照片，目的是校準我們的獵戶座號太空艙未來飛向月球時會用到的機載導航感測器。獵戶座號是目前NASA正與洛克希德馬丁公司合作開發的四人艙，具有比環繞地球軌道的太空艙（例如聯合號和NASA的商用人員載具）更強大的隔熱罩，由於從月球或火星返回地球時，會以更高的速度通過大氣層（相較於從環繞地球的軌道重返地球），這個強大的隔熱罩可以讓獵戶座號挺過高溫。2014年12月5日，我在國際太空站上觀看了第一次無人駕駛的獵戶座號太空艙發射。能用拍照來幫忙準備這項任務正合我的興趣！

我二話不說接下了這個工作，某個週末用IP電話打給在休士頓家中的「月亮」計畫工程師史蒂夫 洛克哈特（Steve Lockhart）。他向我說明實驗內容，並鉅細靡遺地教我怎麼設定相機，以模擬獵戶座號的感測器。

我們決定使用穹頂艙，雖然在這裡月亮每天只會出現在視野中短短幾分鐘，但畫面的品質非常好。我的工作很簡單：在那幾分鐘之內用58mm鏡頭拍攝一系列月球照片。然後等繞完地球兩圈，再重複所有的動作。地面的工程團

隊會對這些照片進行比較，以校準獵戶座號的感測器在太空中會如何感測月球，以及在重返地球通過大氣層時，如何利用這些影像精確地提供導航。我希望將來我們成功載人飛越低地球軌道時，這個實驗有一點小貢獻。

　　科學研究是國際太空站的主要任務。因此才會有16個國家組成團隊，花費超過1000億美元，用將近20年的時間來建造和運營國際太空站，才會每年有12位太空人冒著生命危險，來到這個真空的環境下生活和工作。AMS-02是國際太空站上最重要的實驗之一，實驗設備於2011年的STS-134任務中，隨著奮進號的最後一次飛行一起升空，這是美國和歐洲的核子研究機構（美國能源部和歐洲核子研究組織[CERN]）以及太空機構（NASA和ESA）共同參與的國際計畫。AMS-02的任務是探測反物質宇宙射線粒子，並測量它們的能量、方向和通量。

　　研究結果最終將幫助我們更了解宇宙的組成——宇宙中的「暗」與「亮」物質和能量是我們尚未完全理解的。我只不過是個飛行員，對這個主題的認識也差不多就是這樣而已，但我很樂於幫國際太空站維持良好運作，好讓這個實驗能進行下去，持續在這些粒子從宇宙遠處來到地球時加以測量。我在第三次太空漫步時，還走出去到桁架上安裝了AMS（太空磁譜儀）的地方，對它豎起大拇指，說「幹得好，繼續保持下去」。這些不過是太空站目前每天、以及未來會繼續進行的數百項實驗中的幾個。光是想到可能會有哪些新發現，就令人十分興奮，我預測幾百年後，學童在寫到國際太空站時，會了解到國際太空站是人類史上最成功的科學計畫之一。■

Terry Virts
@AstroTerry

穹頂艙在15秒內，從一片漆黑變成亮得讓人睜不開眼睛（而且非常熱）。

轉推 178
喜歡 468

3:55 pM - 26 NOV 2014

**IP電話**

國際太空站上有一套使用IP技術傳送語音的程式，叫做IP電話。只有在特定的衛星通訊連線時才能使用，大約是三分之二的時間。這個電話系統非常完美：我們可以免費打電話到地球上任何地方，但是沒有人可以打電話給我們！

在STS-130任務期間，我有幸成為頭兩個在新裝好的穹頂艙中往外看的太空人。

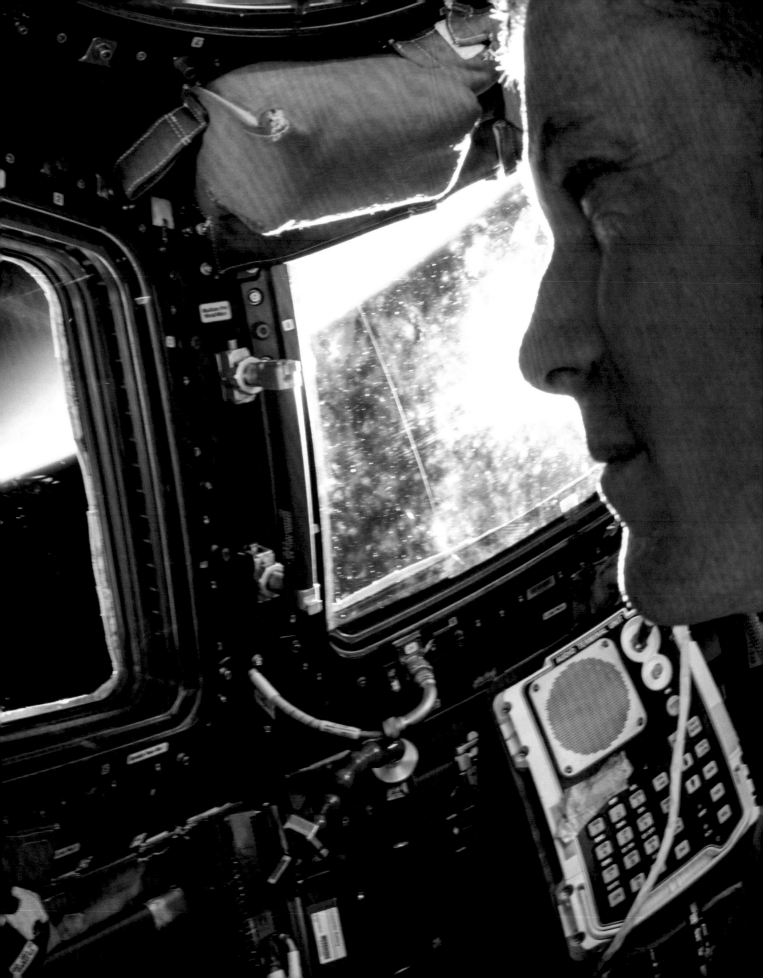

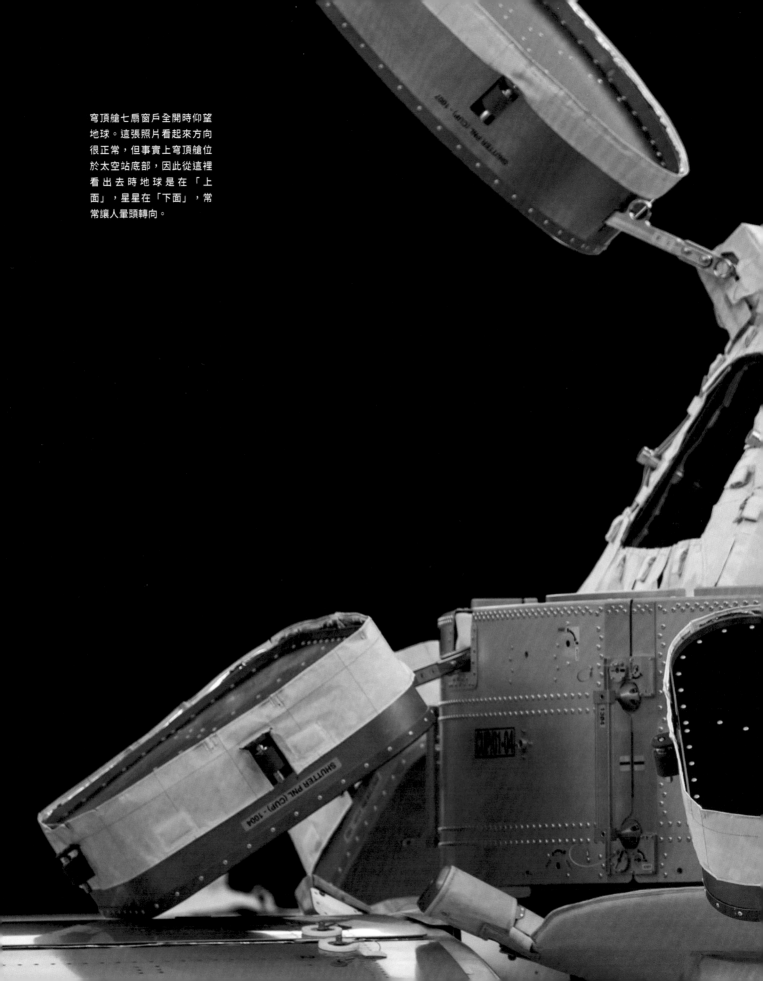

穹頂艙七扇窗戶全開時仰望
地球。這張照片看起來方向
很正常，但事實上穹頂艙位
於太空站底部，因此從這裡
看出去時地球是在「上
面」，星星在「下面」，常
常讓人暈頭轉向。

穹頂艙不使用時，七個遮光門會關上。遮光門可以避免窗戶被軌道上的碎屑刮傷。我拍攝了30多萬張照片，其中大部分是在這個艙中取景的。

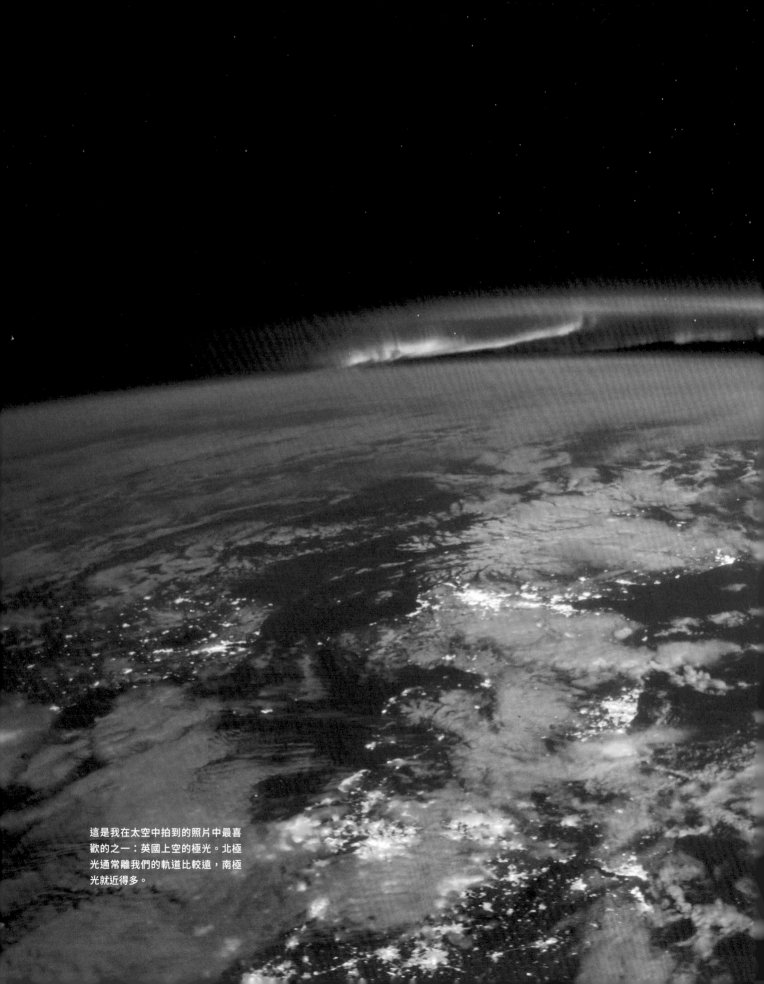

這是我在太空中拍到的照片中最喜歡的之一：英國上空的極光。北極光通常離我們的軌道比較遠，南極光就近得多。

我在對的時間飛到對的地點，又剛好還醒著，

上圖：這是我遇過最不可思議的極光體驗之一，我直接飛進了南極光之中。我看到螢光綠、深紅、淺棕色，還有鬼魅般的雲朵不斷飄移、舞動。

右頁：一道非常明亮清晰的北極光。這是隨著地球磁場往地表彎曲的太陽輻射所造成。

這一切共同成就了一場完美風暴。

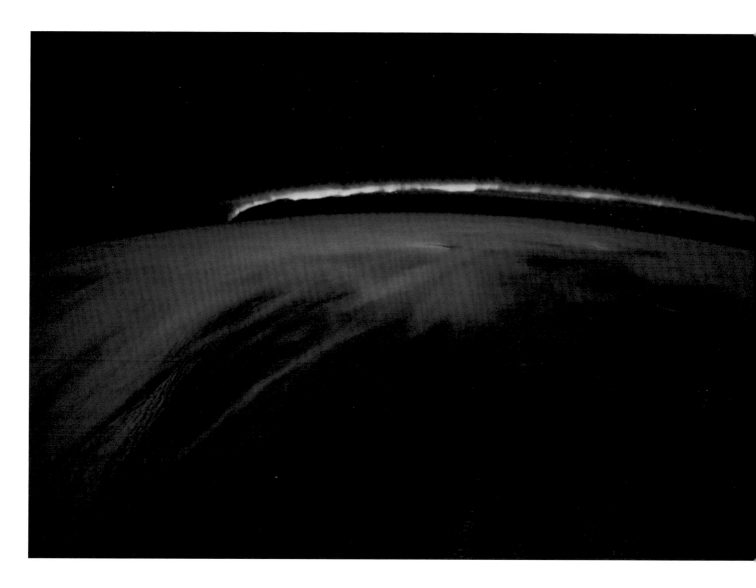

在南半球上空閃爍的銀河，附近是
煤袋星雲與南十字星。

# 老家寄來的快遞

第四章　來自另一個世界的關懷

老家寄來的快遞

　　**在17歲時離開巴爾的摩的家**，前往科羅拉多州斯普林斯（Springs），想要體驗不同的人生。可是不久之後，美國空軍學院的日常操練、科羅拉多州又暗又冷的冬天，再加上沒有什麼我真正認識的人，我開始感到情緒低落。這時沒有什麼比接到家裡的郵件更讓我高興的了，更不用說還能收到老家的食物！收到家裡做的餅乾，還有好幾盒非常撫慰人心的美國東岸特產Tastykakes，可以讓我高興一整個星期。30年後，我在太空站上環繞地球時，情況還是差不多！收到家裡寄來的信，或是新鮮食物，或是任何來自老家的東西，都會讓我和組員稍微有回到地球的感覺，讓我們想起自己出身的星球。在任務開始之前，我並不知道收到這些東西有多麼重要。

　　42／43號遠征任務的頭兩個月日子十分平靜，沒有什麼重大節日，不過我們的行程很快就被塞滿了。短短一個月內就有兩艘補給船抵達，一艘離開。國際太空站計畫的各國合作夥伴各有不同類型的補給船。俄羅斯的進步號載具和聯合號太空艙幾乎一樣，只不過它是無人載具，只用來運送貨物，能自動停靠在國際太空站俄羅斯艙段的幾個對接口。歐洲太空總署的自動轉換載具（ATV）和進步號一樣能自動停靠在俄羅斯艙段，但體積較大。在42號遠征期間，我們負責監督最後一艘ATV離開。

　　國際太空站的美國艙段也有幾艘太空船陸續抵達停靠。這些載具全都是自

前頁：太空站的機器手臂「加拿大手臂二號」抓住了天龍號載具。
左頁：莎曼珊・克利斯托孚瑞提和天龍號送來的新鮮水果。
新鮮橘子的味道真是太空中難得的享受。

動飛過來會合，然後在太空站下方大約10公尺處以整齊的隊形穩定飛行，再由太空站內的組員操作機器手臂（由加拿大提供，因此命名為「加拿大手臂」）伸出去抓住這些載具，把它們接上太空站。這些載具包括日本的H-2轉換載具（HTV），以及美國的天龍號和天鵝座號。

大部分載具在完成投遞任務後，就會載滿垃圾脫離太空站，在大氣層中燒光（天龍號除外）。天龍號有隔熱罩和降落傘系統，是除了裝載能力有限的聯盟號之外，我們唯一能用來把設備和科學實驗器材送回地球的載具。無論是哪一種載具抵達或是離開太空站，我們都會全部動員。

我們第一次抓取載具（SpaceX-5天龍號）時，我的組員莎曼珊·克利斯托孚瑞提和綽號「布屈」（Butch）的貝瑞·威爾摩負責操作機器手臂控制天龍號，我的工作則是用相機和攝影機拍攝這個過程。會合過程大部分是從地面操控，只有最後幾分鐘才由我們接手。整個過程就像眼巴巴地等油漆乾了，最後手

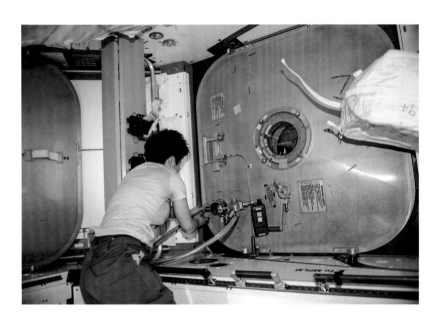

莎曼珊在打開艙口之前，先讓國際太空站和天龍號之間的氣壓達到平衡。

忙腳亂個幾分鐘。我最大的挑戰，是在不打擾組員的情況下擠進穹頂艙拍攝。機器手臂的控制臺以及任務電腦都在這裡，空間十分擁擠，但從穹頂艙的七扇窗戶望出去，視野又是好得不得了。我已經事先在這裡把太空站上所有的攝影機都架設好了，只有行動中一有空檔，就能馬上快拍一系列的照片。我覺得自己好像婚禮攝影師，盡量不要干擾到主要活動的進行。另一方面，我也很清楚我們是以時速2萬8000公里移動，每一個快門機會都是一生很難再有的。

在SpaceX-5的夜間會合過程中我們發現了一件事：天龍號和飛機或船隻一樣，是有位置燈的，右邊是綠色，左邊是紅色。莎曼珊一看到就說，她很高興SpaceX把他們的太空船燈號設計成義大利國旗的配色。當然我也開始逗她，說這其實是愛爾蘭、墨西哥或是印度國旗的顏色。我們從來沒有對位置燈的國籍問題達成共識（這其實是航空慣例：左舷用紅燈，右舷用綠燈）。幾個月後又有一次抓取天龍號的任務，這次由莎曼珊和我負責捕捉，莎曼珊操作機器手臂。所以會合作業和拍攝工作我都做過，比起來我覺得拍照比較緊湊有壓力。

我們真正的工作，是在成功抓到天龍號、把它移到正確位置、接到太空站前方的下對接口之後才正式開始。第一次貨物送到時，我並沒有意識到我們的工作有多龐雜。我們得卸下數千公斤重的器材，再裝上另一組數千公斤重的東西載回地球，同時還要仔細記錄每一個卸下和裝載的品項。我們的待辦事項清單真是滿到不能再滿。

進入天龍號的程序需要好幾個小時。我們首先要平衡太空站與貨船之間的氣壓，接著要等待確認沒有氣體外洩，然後就能打開太空站這一側的艙口，移開停靠時所需的裝備，再打開天龍號的艙口。艙口打開時我首先注意到的，是氣味。你大概不知道，太空有一個特殊的氣味。每次有新的載具到達太空站，或是到外面進行太空漫步時，我都會聞到這種很難形容的氣味，有點像燒焦、很接近臭氧味（像電火花的氣味）。說不上難聞或是臭，但是很獨特。如果有機會再聞到我一定能馬上認出來，但是我不覺得在地球上可以聞到這種氣味。

不過進到天龍號裡面之後，聞起來就像新的太空船。在這裡看到這麼多東西都是要給我們的，感覺實在太棒了，我們好像在耶誕節早上準備拆禮物的孩子。不過我們不能真的像拆禮物那樣，看到什麼就打開什麼，我們得遵照一套詳細的標準程序，每一項物品都要核對，存放到特定的位置。你要是曾經找不到某一件衣服，或是想不起來車鑰匙放在哪裡，那麼你應該可以想像，在太空站這個50萬公斤重、內部空間比747客機還大、所有東西都漂來漂去的地方，要是有哪個東西放錯了位置，可能得花上好幾個鐘頭才能找到（這種情況真的偶爾會發生），甚至永遠找不到。

因此每一件事情都要做得一絲不苟，執行得非常徹底。我們在篩選新的太空人申請者時，會看重很多技能，例如飛行經驗、技術專長、醫療訓練、操作經驗、維修技能等，但經過這次一個月之久的天龍號任務，我覺得找個有會計師背景的太空人會很有幫助！

**打開貨船送來的前幾樣物品之後**，我們發現了好東西：家裡寄來的護理包和信件、NASA地面支援小組給我們的搞笑卡片，還有新鮮水果。太空站裡面通常什麼味道都沒有，枯燥得很，只有金屬、塑膠、太空布料和器材。是很乾淨、舒適、功能齊全，但缺乏個性。那些蘋果和橘子的氣味不經意觸動我的感官，馬上讓我想起地球，只不過這些水果是漂浮的！

我的感官也想念地球的其他事物：風景、聲音、天氣。有一天，我穿過太空站中央的轉運中心：第一節點艙，經過通往第三節點艙（我們的生活與運動艙）的艙口時，突然聽到鳥鳴聲。我不禁愣了一下，馬上停下來，改往聲音的方向漂過去。我的組員米凱·寇尼延科正在艙內另一頭的「進階型阻抗鍛鍊裝

Terry Virts
@AstroTerry

新鮮水果到了！每個組員都分到一顆地球來的橘子。（在這上面玩雜耍容易多了）

轉推 330
喜歡 805
5:19 pM – 13 JAN 2015

**第一節點艙**

國際太空站的美國艙段有三個連接用的節點艙，這是其中之一，稱為「團結號」。這是第一個發射到太空站的美國艙體，1998年升空，位於太空站的中央位置，是太空人吃東西、休閒的地方。

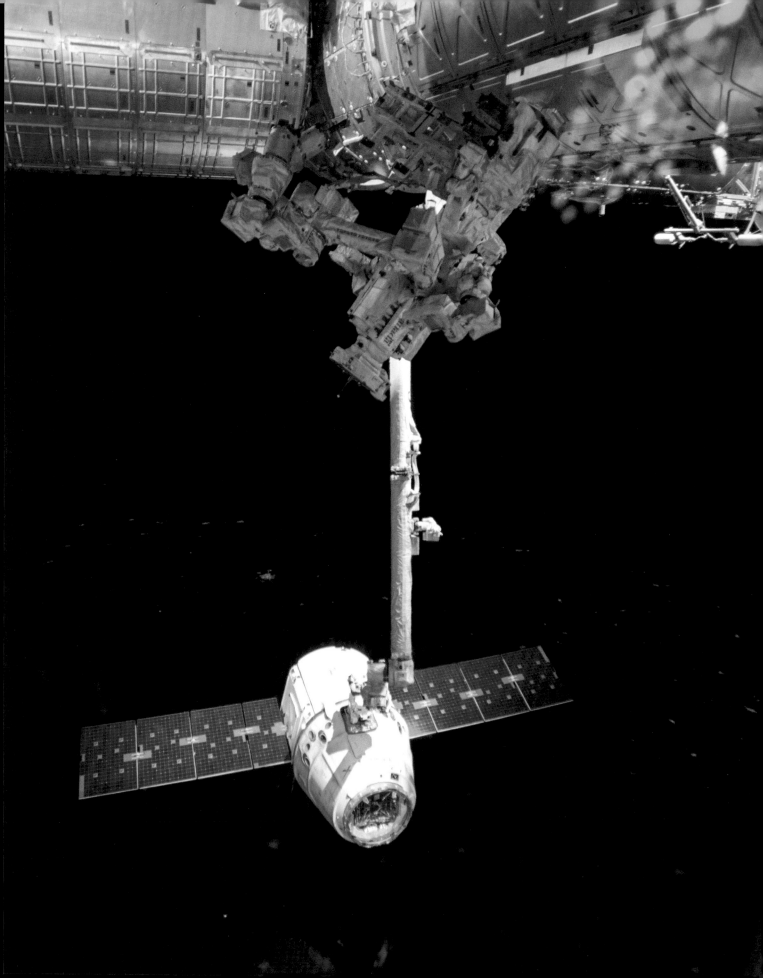

置」（ARED），也就是我們的舉重機上運動。我問他鳥兒是從哪來的，他笑了起來。他的地面心理支援小組傳給他一些地球的聲音檔。我在俄羅斯受訓時，發現他們在照顧組員上很多事都做得非常好，這件事就是其中之一。他們了解我們在軌道上的這個家少了一絲人味，所以讓他們的太空人聽見「地球的聲音」，用這種方式幫助太空人和家鄉維持情感上的連繫。

當時我已經在這個只有螢光燈和白色與灰色金屬的太空船上住了五個月了，聽到地球的聲音實在非常愉悅，於是我請他們多傳一些來。俄羅斯的心理學家（以及我的美國心理支援人員）傳來了各種美妙的聲音：雨聲、風聲、海浪拍岸的聲音、鳥鳴聲，甚至還有人潮洶湧的咖啡館的聲音。接下來的一個月，每當我鑽進睡袋、在組員生活區內自由漂浮準備睡覺時，我總是戴著耳機聽暴風雨的聲音。

收到來自家鄉的聲音這個消息在組員之間傳開之後，我們決定要讓國際太空站下雨。我們把雨聲放到太空站的每一臺電腦上，無論我漂到哪裡，聽起來就像是有雨水打在屋頂上。雖然說在太空中能感覺到天氣的變化很開心，但聽了一個星期的雨聲之後，我們都覺得夠了——在地球上也會這樣。我們關掉這些聲音，再一次開心地享受我們單調的螢光色「陽光」。

讓我們想到家鄉的，不僅僅是在地球上的聲音和景象。太空站的每個組員都有一位讓他們思念的配偶或伴侶，我們幾乎都有學齡的孩子，也都有想要和我們保持聯絡的親朋好友。好在我們的連線能力比早年長時間待在天空實驗室（Skylab）或和平號太空站（Mir）的太空人好多了，我們有好幾種方式可以和親朋好友聯繫。電子郵件當然是有的（我不太確定這是好事還是壞事），也有全世界最棒的電話系統，在適當的衛星訊號範圍內我可以免費打電話到地球任何一個角落，可是沒有人可以打電話給我。休士頓也會每星期幫我安排和家人視訊通話一小時。

這些通訊方式有助於我不至於和地球生活脫節，但還是無法取代真正在地球上的感受，特別是在假日或生日時。我是這麼想的：一旦太空任務結束，我的餘生就會在家裡度過，所以這個離別狀態只是一個階段，是會過去的。這種心態在想家的時候特別有用。我想起我的祖父母曾經在第二次世界大戰時分離了好幾年，沒有電話，只能偶爾通信，那些信還會被長官檢查。想著人類幾百年來都要忍受分離之苦，有助於我用健康的想法看待太空任務。雖然他們不是跑到外太空這麼遠的地方來，但很多人都必須面對缺乏通訊管道和見不到面的情況，而我們在國際太空站的現代設備已經足以讓相隔兩地的時間比較能容易忍受了。

左頁：天龍號和飛機或船隻一樣，有紅綠兩色的位置燈。莎曼珊要感謝SpaceX把太空船的燈光設計成義大利國旗的顏色。

米凱·寇尼延科（米夏）

他和史考特·凱利共同進行「一年組員」計畫。他們在我擔任43號遠征的指揮官時展開這項340天的任務。跟他一起飛行非常愉快，他的臥鋪就在我旁邊。無論發生什麼事，他總是保持微笑，或是說正面的話。

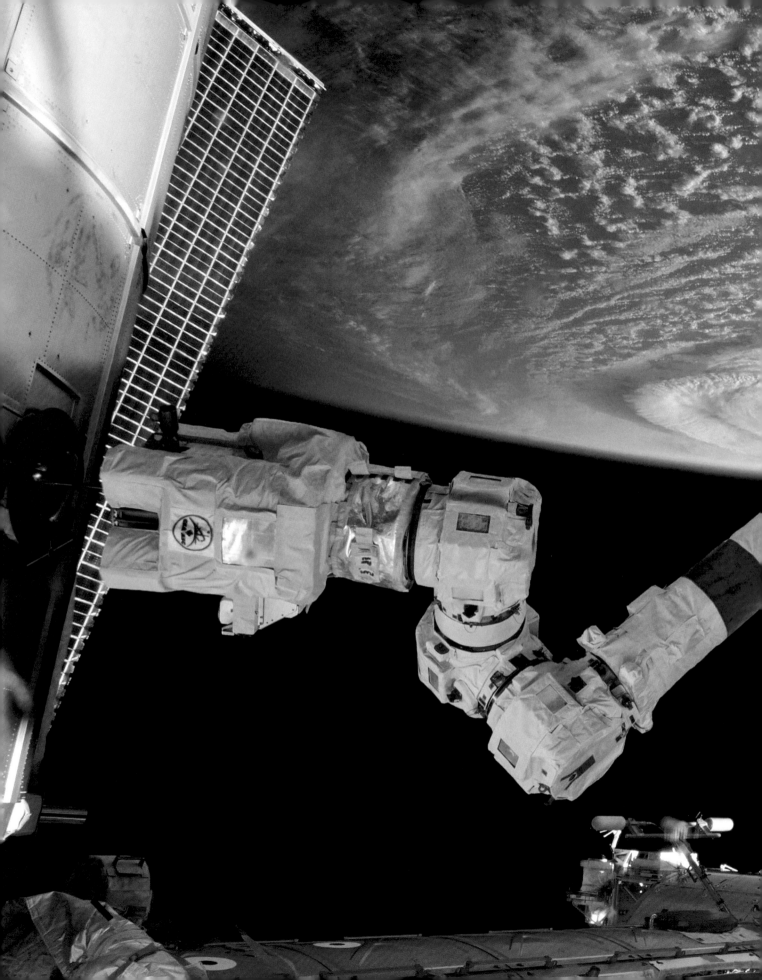

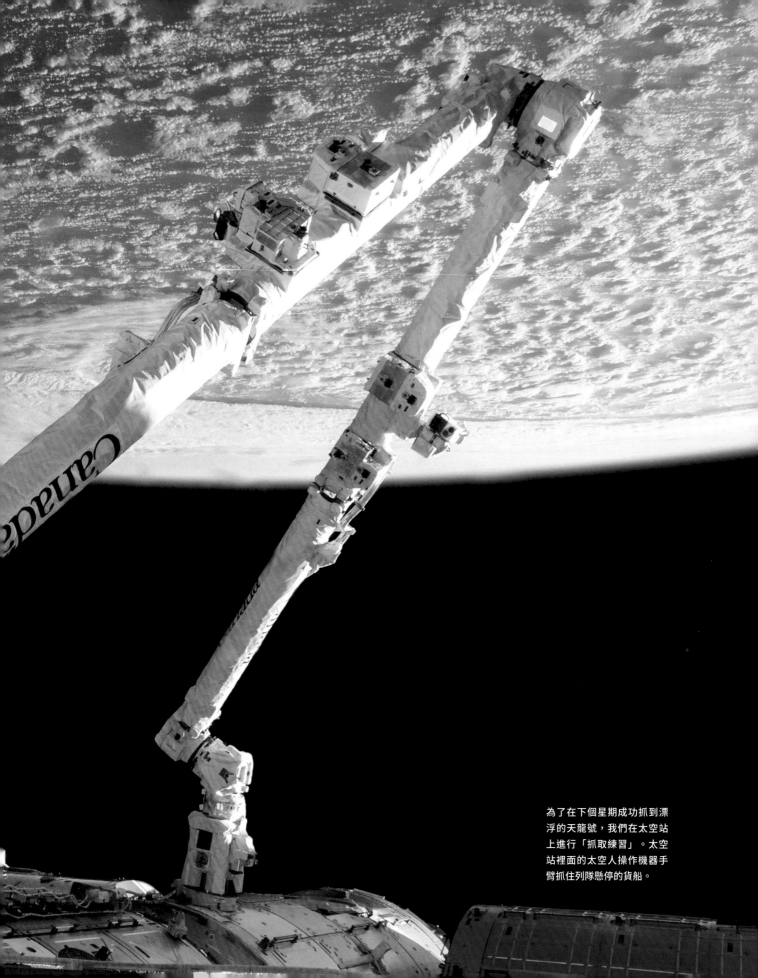

為了在下個星期成功抓到漂浮的天龍號，我們在太空站上進行「抓取練習」。太空站裡面的太空人操作機器手臂抓住列隊懸停的貨船。

史考特・凱利和我在太空站的和平號節點艙上一起享用布朗尼。點心盒裡裝的是全體組員八天份的甜點，裡面只有一塊布朗尼。

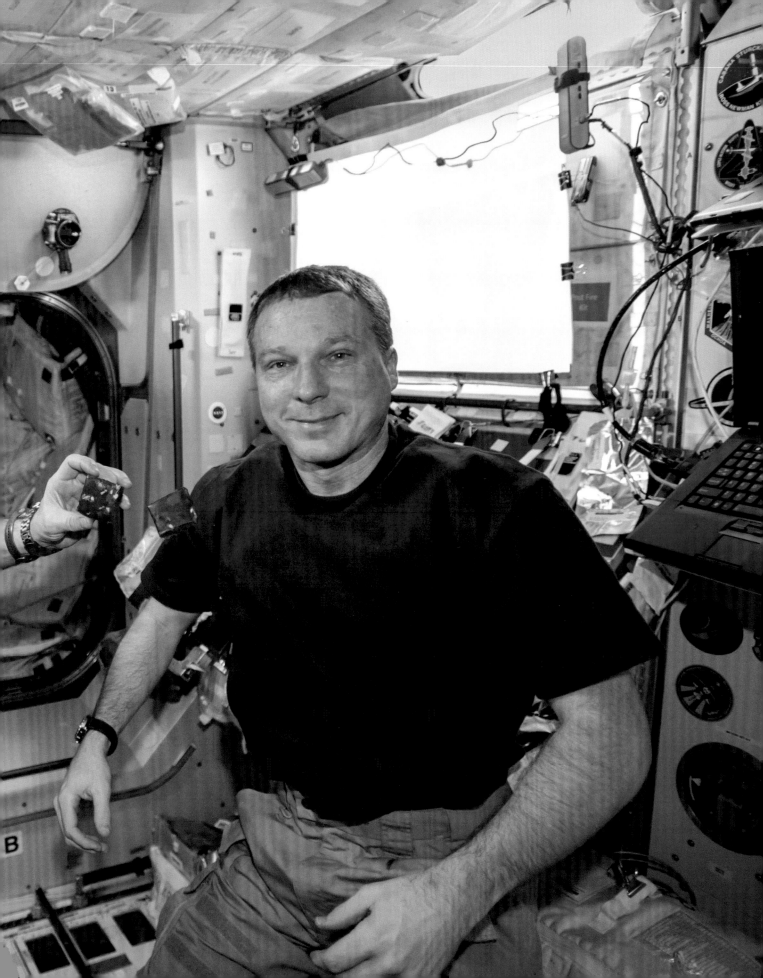

即使是運送像食物和衣服這種簡單的物資到太空站給太空人，都要耗費龐大的人力物力。同時也需要龐大的花費。

**我還滿喜歡巧克力的**。好啦，其實我是巧克力狂。我每天都要吃巧克力，特別是晚餐後。巧克力棒、巧克力餅乾、巧克力冰淇淋，我對所有的巧克力都來者不拒。純粹就巧克力的分量來說，國際太空站的標準菜單根本不敷我的需要。有一天，我和組員史考特・凱莉一起打開一個點心盒，這是全體組員八天份的點心，結果裡面是一塊布朗尼。我們哀傷地各拿了半個布朗尼，拍了張自拍照，這下子還要等八天才能再打開一個點心盒！

所以當一艘貨船從地球載了好料來時，簡直就是我們的大日子。不幸的是，我們組員的個人物資都出了問題。首先是在我們升空前，載運我們部分個人物資的天鵝座號載具爆炸了。接下來，俄羅斯進步號載具59P在發射後不久、剛到達軌道時就發生狀況，失控墜毀。由於無人的進步號和載人的聯合號太空艙發射時使用的是同一種火箭，我們返回地球的時程被延後了一個月，等候調查這起意外，這代表我們必須用僅有的「紅利食物」撐過更長的時間。因為這兩次事件，我開始謹慎地分配我每天可以吃的巧克力。到了任務中途，我的NASA支援協調官貝絲・特納（Beth Turner）透過聯合號和SpaceX-6多送了一點巧克力上來給我，讓我撐過整個任務。我在太空的第兩百天吃下最後一根巧克力棒之後，就下到聯合號飛回地球了！

把這些物資送進太空是非常艱鉅的任務，更別提花費和要冒的風險了。首先最關鍵的，是脫離地球引力所需要的超高速度。物體要加速到時速2萬8000公里才能進入地球軌道，包括到達國際太空站；若要擺脫地球引力前往月球或是太陽系中任何的行星，則必須加速到每小時4萬公里。所以即使是運送像食物和衣服這些簡單的物資到太空站給太空人，都要耗費龐大的人力物力。同時也需要龐大的花費，運上國際太空站的物資，每公斤至少要花2萬美元，若用會計方式計算，費用還遠不止於此。所以我們那一、兩公斤的護理包其實是非常寶貴的物資！

另一個載運物資到太空站的困難在於軌道會合，也就是兩個載具在太空中連接的過程。這項技術是由擁有麻省理工博士學位的巴茲・艾德林在1960年代的雙子星計畫中首創的，通常是先讓發射載具進入較低的軌道。太空船在低軌

史考特・凱莉

參與「一年組員」計畫的美國組員。史考特是經驗豐富的太空梭指揮官，也是進行過長期太空任務的太空人，和他一起飛行也非常有趣。我們在太空中度過了幾個月的快樂時光。他和米夏的心態都很健康，順利完成了340天之久的任務。

道時速度較快，讓貨船在軌道上一圈一圈慢慢接近國際太空站，最後來到太空站的正下方。貨船會進行多次小規模的火箭點火，每次點火之後軌道就會上升一點。每一種載具用來追蹤太空站與貨船相對位置的設備都略有不同（結合機載雷達與雷射以及地面偵測器），不過電腦都能精確計算要與太空站接軌該如何移動。

　　整個作業的關鍵，是發射時要有精準的航向，以配合太空站的傾角。用技術上的語言來說，就是衛星航向與赤道的夾角。如果傾角是零，軌道就是沿著赤道；如果是90度，就是從北極到南極。太空站的傾角是51.6度，也就是它在地面的軌跡落在南北緯51度之間，每天飛越地球上大部分的人口稠密地區16次。要是發射的角度往這個航向的右邊或左邊偏，就算只偏了一點點，也會需要大量燃料來矯正軌道，而且很可能無法和國際太空站會合。

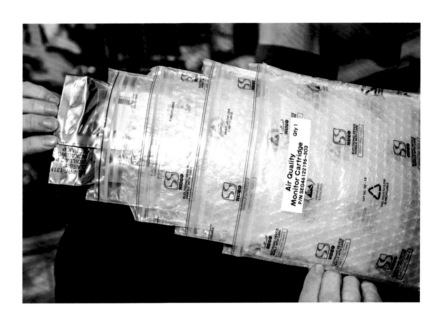

　　貨船在適當的時間點以正確的航向發射後，每環繞地球一周，軌道就會更接近國際太空站一點。駕駛聯合號TMA-15M太空船時，我進行的是四軌道會合，這表示從發射到接上國際太空站只花了六個小時。不過駕駛太空梭時我花了整整兩天才接上太空站，我們大部分的貨船也是花了好幾天才趕上太空站。

　　如今在太空中的生活完全仰賴地球提供的再補給。除了電之外（感謝我們巨大的太陽能板陣列），我們在太空中沒有生產任何東西，所有的食物、水、氧氣、衣服──我們會用到的一切──都要從地球送上來。假如我們真的想要開始殖民其他行星，這一點是一定要改變的，不過目前的狀況就是這樣。國際太空站上儲備非常豐沛，隨時都有至少能維持幾個月的物資，因此我們的天鵝座號貨船在2014年秋天升空後爆炸時，我們並未陷入危機。損失了貴重儀器的科學家自然是不太高興，失去護理包和衣物的太空人（也就是我和我的組員）也不是很開心，不過整體而言都在可以應付的範圍內。

　　幾個月後，俄羅斯進步號再補給船因為發射問題失事，太空站上的物資儲備開始有些嚴峻。雖然還要幾個月才會見底，不過我們不到六個月內已經損失

對於某些器材，美國人總愛包裝，甚至過度包裝，讓我們看了覺得很有趣。這個匣子用五層特製的氣泡袋包起來，一個比一個大──不過至少是毫髮無傷地抵達了！

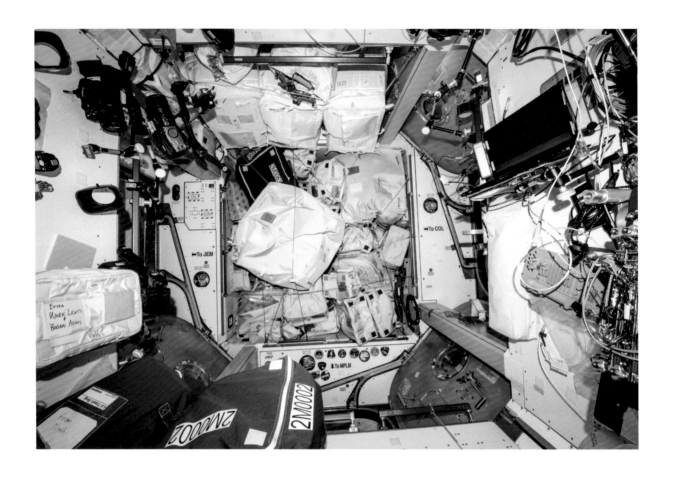

位於太空站前面的第二節點艙中的「彈力繩監獄」（bungee jail）。我們把要送回地球的東西預先收集在這裡，準備裝上下一班的天龍號。

了兩次補給。更糟的是，因為進步號和聯合號幾乎一模一樣，俄羅斯開始展開安全調查，確保他們的聯合號沒有問題。取代我們的組員因此延後發射，我們也晚了一個月回到地球。就在我降落之後，一艘SpaceX的天龍號再補給船在發射時爆炸。這是八個月內第三次補給船失事，這對太空站計畫造成嚴重打擊。站上人員仍然有充足的物資，從來沒有陷入危機，但他們的儲備開始吃緊。那次之後就是一連串成功的發射，不過中間不乏讓人捏一把冷汗的情況。

**我們的工作人員**在卸載SpaceX-5 天龍號的同時，也必須把要送回地球的東西裝載到ATV-5喬治・勒麥特（Georges Lemaître）號上。這件事本身就是個大工程。太空站上最大的後勤問題就是儲藏。組員總是在尋找放東西的空間，其中最麻煩的雜物就是包裝泡棉，我們有很多特殊尺寸（也就是非常昂貴）的包裝泡棉，用來保護器材在發射的震動及加速中不會受損。這對敏感的器材來說自然是有必要的，但我們其他的補給品並不需要這麼大費周章。比如說有一次我打開了一包小心整理好、以包裝泡棉保護的抹布。還有一次，我有幸拆開了一

個小USB隨身碟的包裝，它用五層的氣泡袋包起來，一層比一層大，讓我想到《鬼靈精》動畫版電視特別節目中的，從個子最小到最大整齊地排成一列的胡芬諾鎮鎮民。我後來才知道，美國的載具有30%的空間都被包裝材料占據，而俄羅斯載具只有5%。

在42號遠征期間，大量的包裝材料造成了很大的問題，也花了我們很多時間。我們想要用ATV來丟掉太空站上累積了好幾年的包材，所以花了好幾個週末還有許多自由時間搜集垃圾，把它們打包到ATV上。我們和歐洲太空總署一起仔細規畫，確保載具的重量和重心沒有超過限度。但我們也碰上了有趣的後勤問題是沒人想到的（或許有人想到過，但在規畫會議上沒有提出來）。在太空站上，美國艙段的艙口夠大，所以任何有可能送到太空站來的貨物都過得去。不過俄羅斯艙段是小小的圓型艙口，是特別為了和平號太空站設計的。由於ATV位於俄羅斯艙段的尾端，因此美國艙段清出來的垃圾都得通過比較小的俄國艙口才行。

不幸的是，我們有些包材體積非常大，得切成小塊才能通過艙口，做這件事要花很多時間。最後，我們總算在2015年的情人節和喬治·勒麥特號說再見，目送它離開太空站。我們擺脫了許多垃圾──不只是包材，還有舊設備、髒衣服、用過的衛浴空罐和廚餘。ATV停靠的服務艙味道聞起來實在不怎麼樣。太空站從來沒有這麼乾淨（或是好聞）過！我們看著喬治·勒麥特號在大氣層上半部燒個精光，那個高度比我們在白天可見的纖細藍色帶狀大氣層還要高上許多。整艘載具就像一抹輕煙，消失在太空中，這樣的景象再次告訴我們，大氣層一直延伸到宇宙的黑暗之處，遠高於人類肉眼看得到的地方。■

ATV-5 喬治‧勒麥特號為國際太空站運來數千公斤的補給物資。ESA技術人員穿著無塵衣，以免感染即將送往太空的物資，因為在太空中生活會減弱免疫系統。

莎曼珊在極度擁擠的穹頂艙中操作機器手臂，釋放天龍號讓它離開國際太空站。我在她旁邊發送指令給載具。

上圖：天龍號從卡納維拉角空軍基地升空前往國際太空站，
由獵鷹九號發射載具推送到軌道上，進行CRS-6任務。
右頁：獵鷹九號的第一節在發射天龍號之後，往大西洋中的一座浮臺下降。這一次，
火箭在著陸時倒下來爆炸了，但其他時候曾經成功著陸。這個設計是希望未來能降低發射的費用。

進步號58P無人載具以自動操作的
方式接上俄羅斯的服務艙。

天龍號燃燒著返回地球之後，打開降落傘落入太平洋，結束了它的旅程。我們要把實驗儀器或設備送回地球，最主要就是透過SpaceX的天龍號。

# 太空危機

## 第五章　學習正向思考

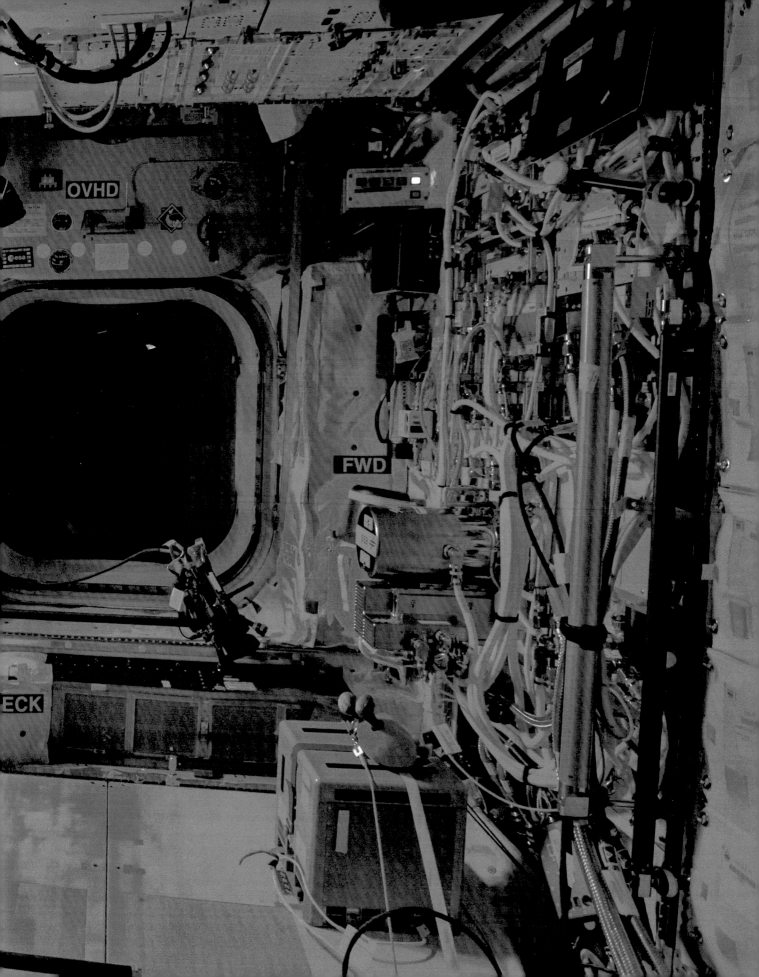

# 5

## 太空危機

**我**當時正在第二節點艙的組員宿舍，用筆記型電腦複習各種程序，為行程表上的下一個工作做好準備。那天是2015年1月14日，是我們捕獲SpaceX-5天龍號貨船之後的兩天。布屈和莎曼珊也在第二節點艙中進行例行工作。這一天一如往常——直到警報聲響起。我馬上從宿舍漂出去，我們急忙聚在一起，檢視警示板上的訊息。到底是什麼緊急狀況？

有三種可能性：火災、dP / dt（漏氣）和ATM（有毒氣體）。火災，這應該不用多說。dP / dt，也就是壓力改變，假如太空站上其中一個氣壓感測器偵測到壓力下降，警報就會響起。ATM是三種警報中最嚴重的緊急狀況，因為很可能表示有氨滲透到艙內的空氣中。由於氨具備優異的化學性質，太空站用氨作為外部桁架的冷卻液。不過太空站設計師花了很大的功夫確保氨不會進入艙內組員呼吸的空氣中。受訓時，我們被告知要是聞到氨的味道，可能就為時已晚了。氨會致命，這可不是開玩笑的。

警示板上的ATM燈亮起。剛看到時，我腦袋一片空白。我以為（也希望）這不是真的。就我所知，太空站建立後這15年來，從來沒有發生過氨氣警報。站上的組員見過幾百次警報，大部分是火災的假警報，偶爾會有漏氣警報。我的腦袋一時沒有理解到這是最嚴重的警報——我看到ATM，心想一定是艙內的氣體外洩了。莎曼珊就站在我旁邊，也看到了警示燈，脫口就說：「氨氣外

前頁：彌漫粉紅色燈光的歐洲哥倫布號實驗室，這是蔬菜生長實驗用的燈。
左頁：這些板子是散熱器，讓國際太空站在灼熱的陽光下不會過熱。
散熱器裡的氨是非常有效的冷卻劑，同時也是致命毒氣。

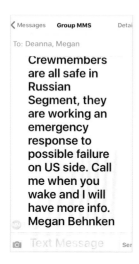


NASA在2015年1月14日清晨傳簡訊給我太太史黛西。當時組員和控制中心都以為太空站的狀況非常危急。

**吉姆·凱利**

是我們經驗最豐富的太空人和CAPCOM之一，和我一樣是美國空軍學院畢業的戰鬥機飛行員。他負責帶領訓練計畫和CAPCOM部門很多年。

**服務艙（SM）**

國際太空站最早的艙體之一，屬於俄羅斯艙段，2000年發射。NASA一直等到俄羅斯成功發射服務艙之後，才宣布聘用我這一屆太空人。沒有服務艙就不會有國際太空站，也就不需要我們這批太空人了。

洩」。我趕忙重整思緒來面對眼前的危機，腎上腺素也開始作用。我們早已熟記面對這種狀況該有的處置，不需要操作程序。幾秒鐘之內，布屈、莎曼珊還有我就戴上了氧氣罩，撤離美國艙段，快速漂浮到俄羅斯艙段去，關上第一節點艙的第一個艙口，再從俄羅斯這邊關上第二個艙口，和俄羅斯太空人會合。

接下來20分鐘，在國際太空站上的我們以及休士頓和莫斯科的兩位任務控制員，開始設法弄清楚剛才的狀況。因為大家都戴著氧氣罩，所以都聽不清楚，也幾乎無法說話，使原本混亂的局面更加複雜。你可以想像戴上安全帽，把手機轉成擴音，再把手機蓋上一條毛巾講話，戴著氧氣罩溝通大概就像這樣。我們必須在這種情況下，擬定出一套有史以來第一次執行的複雜程序，來測量艙內大體中的氨含量。

就在我們討論這個程序時，我們的CAPCOM，綽號「維加斯」的吉姆·凱利，終於通知我們這是個假警報。不過他們仍然要求我們謹慎地回到美國艙段，氧氣罩不要拿掉，帶著檢測儀，以防空氣中有任何殘留的氨。我們上午的進度顯然是毀了，必須重新安排。此外，每個組員在警報響起時都各用掉了一個珍貴的緊急氧氣面罩。站上的氧氣罩為數不多，我們知道地面小組得安排再補一些上來。

確認沒有氨氣外洩之後，我們餘悸猶存地開始收拾，把用過的氧氣瓶收集起來，把裝有氨氣檢測儀的緊急工具組放回原位，找回我們在警報響起時丟下漂走的東西。組員之間也互相簡單報告了剛才發生的事。我跟自己說：「老樣子……警報總是假的，不管警報看起來多嚴重，每次都是假的。」不過事情總是不大對勁。我們從來沒有過氨氣警報，無論真假。從來沒有。

突然，太空站的廣報系統傳來非常嚴峻的聲音，維加斯說：「太空站請執行氨氣外洩應對程序。我再重複一次：請執行氨氣外洩應對程序。」

我馬上抓起剛剛才脫掉的面罩重新戴上。我從最早開始駕駛戰鬥機時，就發現在緊急情況下，我的腦袋總能在非常短的時間內出現很多有條理的思緒，我自己都覺得很不可思議。看到警報後，我通常可以在幾秒鐘之內想清楚每一種可能的情境，包括原因和結果。第一個警報一定是電腦偵測到了一個剛發生的小規模外洩，休士頓的地面飛行控制小組花了半個鐘頭看過數據之後，才明白這回是來真的。任誰都能聽出維加斯的口氣非常緊急，這可不是演習。

這些想法在幾秒鐘內掠過我的腦海。我們馬上行動，重演一小時前才進行過一次的完整實況演練。不消幾秒鐘，三個美國組員就戴上面罩離開美國艙段，關上艙口，不一會兒就和俄羅斯組員重新會合。我們確認俄羅斯艙段沒有氨氣，於是脫下了笨拙的面罩。接著就是等待。我們和美國艙段徹底隔絕，心裡開始考慮將來會如何，國際太空站的美國艙段有可能就此結束。

那天下午俄羅斯艙段內的氣氛十分詭譎，像電影《異形》中的場景，只不過沒有外星人。我們六個人全圍在服務艙的中央站旁邊，這裡是太空站的控制中心，可以控制、監看任何緊急狀況。到這時候我才明白情況有多嚴重。我們已和太空站三分之二的區域徹底隔離，假如真的有氨氣外洩——我確信這第二次是來真的了——我們就完全不能回到美國艙段，因為艙內大氣已經被永久污染了。我們冷靜地討論，要是再也沒有人能進入美國艙段（或是日本艙段、歐洲艙段）會有什麼結果，可能太空站計畫就這樣結束了。我們會留在俄羅斯艙段繼續繞行一段時間，然後我想太空站就會撤離軌道。想到這裡，我了解到茲事體大，這是最保守的說法。

任務控制中心告訴我們至少要幾個小時才會有決定，這段時間沒有事情給我們做。所以我們開始閒聊，在像棵耶誕樹一樣閃著燈號的警示板前自拍，順便試穿我們的極地生存裝備。這套裝備原本是要預防聯盟號在冬天緊急迫降西伯利亞時使用，不過那天下午就派上用場了，因為那天俄羅斯艙段異常地冷。我們還接到俄羅斯副總理迪米奇‧羅戈辛的電話，承諾俄羅斯會提供支援給國際友邦的太空人，並保證我們需要在俄羅斯艙段待多久都沒問題。

我很清楚這個承諾非同小可。此刻烏克蘭正在內戰，俄羅斯正要併吞克里米亞，而西方國家正在對俄羅斯進行經濟制裁。但在這裡，我們在太空中面臨生死關頭時，敵對的雙方正在攜手合作，確保世界的太空人的安全，沒有任何政治考量。

我們擠在俄羅斯艙段等待休士頓的指示時，在閃著氨氣外洩警報（還好是假警報）的筆記型電腦前自拍。

在這緊張刺激的當頭，我做了所有鐵漢戰鬥機飛行員會做的事：打個盹。我的聯盟號停靠的MRM-1是下午打盹的好地方。這裡不是很寬敞，但裹著我的冬季求生外套，把腳放在一個扶手底下，眼睛上綁一件襯衫擋住光線，就可以好好睡一會兒了。畢竟今天早上忙得很，到鬼門關前走了兩趟，做了幾場嚴肅的國際外交，而且反正也沒有別的事可做。所以我就去睡覺了。

昏沉之中過了幾小時，我們收到休士頓的消息：又是一次假警報！任務控制中心已確認是一臺美國電腦，稱為「節點艙2-2 MDM」，給了錯誤的遙測結

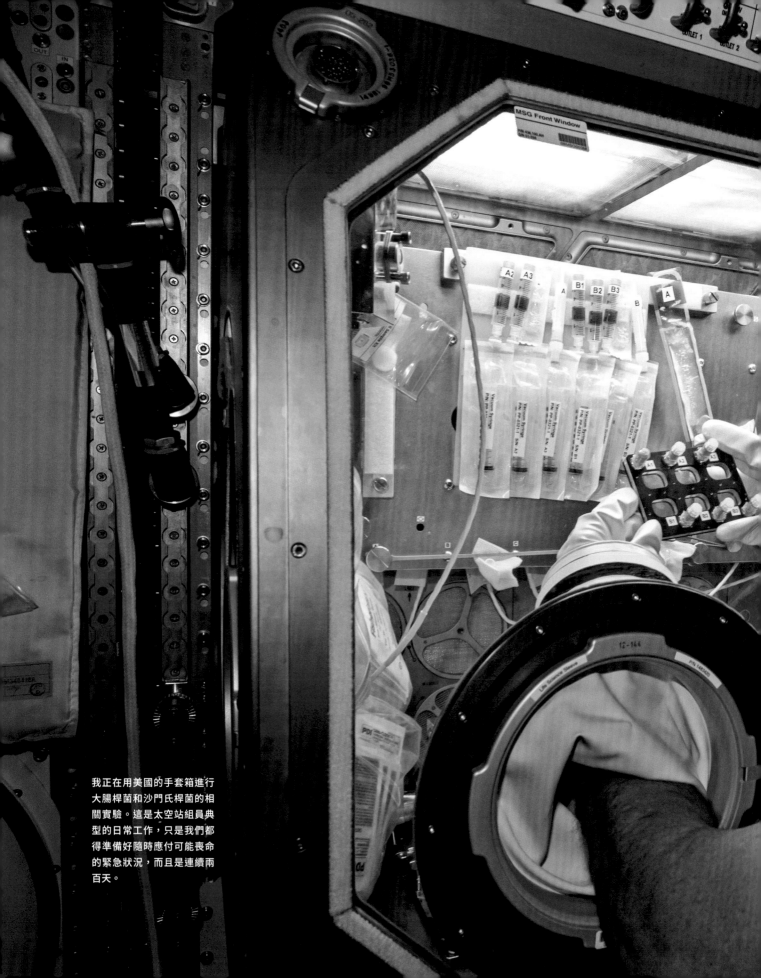

我正在用美國的手套箱進行大腸桿菌和沙門氏桿菌的相關實驗。這是太空站組員典型的日常工作，只是我們都得準備好隨時應付可能喪命的緊急狀況，而且是連續兩百天。

果。地面小組把這臺電腦關掉、再打開（就像我們在地球上電子用品碰到問題時一樣），告訴我們問題已經排除，但我們還是得在太空站裡面檢查。所以整件事又重頭來過：戴上氧氣罩，抓了氨氣偵測儀，漂回美國艙段。情況很詭異。我覺得我們好像是進入了一艘廢棄好幾個世紀的幽靈太空船，《異形》第一集的感覺又回來了——場景非常不真實，儘管這一切都是貨真價實的科學，不是科幻小說。電腦和風扇運轉的聲音都在，燈也都亮著，但沒有任何組員。我從來沒有體驗過這種感覺。

**我們在國際太空站上**不是只遇到這次假警報。火警是最常出現的。太空站上有煙霧偵測器，沒有火焰偵測器。俄羅斯艙段使用的技術較老舊，有時我們在工作時揚起灰塵，就會觸發偵測器。雖然大家都知道這些訊號大概不是真的，但腎上腺素還是會飆高。無論正在做什麼，一聽到警報聲，我們就得丟下手邊的工作，完成應對程序。假火警有一個好處，讓我們有機會進行逼真的消防演習，所以我們對這種緊急狀況的反應非常熟練。

太空站的電腦針對不同事件，會有不同的警示音，依嚴重程度從大到小，分別是緊急、警告、注意。「注意」的音調不會讓人太不舒服，比較像是穩定的嗶嗶聲。「警告」的音調是讓人感覺急迫一點，但是也頗一般，我在任務中途還問組員能不能跟著它吹口哨，結果沒有人辦得到。「警告」和「注意」的音調都很普通，所以我們記不清楚哪個是哪個，得看電腦才知道是哪一種警報。

「緊急」的警報音就非常明確，是大聲、尖銳的嗶嗶聲，無論我們正在做什麼，都會停下來看看發生了什麼事。這也是一般人想像中太空船上緊急警報會有的聲音。不過還是有一個不算小的問題：緊急警報音可能代表前面提到的三種完全不同的狀況，太空站上的人得自己去搞清楚。太空站是1990年代設計的，當時還無法用語音來告訴我們是哪一種緊急狀況，就像現在的智慧型手機可以用語音導航一樣。所以一旦有問題，我們就得漂浮到最近的電腦查看細節。你可以想像用免持聽筒導航時，Siri不告訴你哪裡要轉彎，國際太空站上的警報系統就像這樣。

在三種可能的故障狀況中，「注意」最常見，也最不嚴重。而且大部分會「被忽略」，意思是電腦的記錄檔會顯示，但不會啟動警報音。大多數時候我漂浮到一臺可攜式電腦系統（PCS）前，都會在記錄檔上看到許多因為種種原因出現的「注意」。之所以被忽略是因為任務控制中心知道這是怎麼回事，不構成問題。不過有時候系統會真的當機，啟動警報。這對我們來說有點麻煩，因為每次警報響起，我們就得丟下手邊的工作，找一臺電腦來分析問題，和地

**遙測**

和通訊衛星連線時，一連串下載給任務控制中心的數據，其中有各種工程參數，如溫度、壓力、流速、閥位、斷路器的狀態（打開或關閉）等，任何你想得到的東西我們都可以遙測。

**可攜式電腦系統**

國際太空站上的三種基本筆記型電腦之一，使用Linux作業系統，透過調整溫度來調節動力和冷卻度，用來實際操作太空船。

160

面控制中心進行簡短討論，幾乎每次都以「毋須反應」作結。有時這些假警報是屬於比較嚴重的「警告」層級，通常站上組員必須採取行動。不過地面控制中心幾乎都會很快認定太空人毋需理會這些問題。

在氨氣事件後的一個星期內，我們一直收到警報，大部分都是假的。但壓力已經對我們造成影響。我是沒有感覺到神經衰弱，或是擔心碰到嚴重失敗，但不斷對警報做回應確實讓我開始不耐煩。這甚至造成「狼來了」效應，因為我們都自動預期警報是假的。最後演變到有點像鬧劇，我在美國實驗室的指揮站區貼了一張黃色便條紙，上面畫了一個故障矩陣，包含兩列（美國艙段和俄羅斯艙段）與四行（注意、警告、緊急、怪味）。只要一有警報，無論真假，我就打個勾。我們只能用幽默來化解這些可能會讓我們精神崩潰的事。我總是用幽默處理重大狀況，但我也認真看待每一次警報。在太空船上，我們和會讓人瞬間死亡的太空真空之間，只隔著不到一公分厚的鋁結構，在這種地方一而再、再而三出現的警告音，最後真的讓我們麻木了。

**有時候緊急警報**和我們的太空船無關。2015年4月28號這一天，原本只是個平常的日子：鬧鐘響起、刷牙、吃早餐、快速瞄一下穹頂艙有什麼風景、和地面控制中心進行晨間會報，然後開始工作。但這天我們接到了一個壞消息：俄羅斯用聯盟號火箭發射進步號59P補給船失敗，大家都十分震驚，因為聯盟號一直非常可靠。同時這也是六個月之內第二艘補給船失事，之前是天鵝座號發生意外。

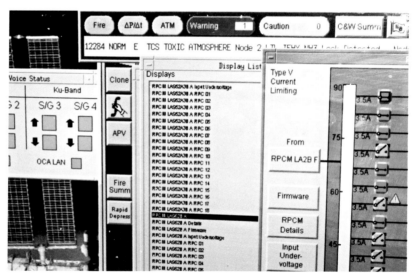

這種電腦螢幕畫面很常見，這是太空站的控制電腦對我們的一套電子系統提出警告。這種警報大部分是假警報，但我們都必須當成真的來處置。

調查過程展開之後，情況逐漸明朗，進步號沒有和聯盟號火箭的上半節完全分離，損壞了進步號的推進系統，造成失控。幾天後進步號通過太空站下方時，我的組員傑納迪‧帕達卡（Gennady Padalka）想要用伸縮鏡頭拍它，但是距離太遠，光線也不好，從照片中無法看出它的狀況。它在太空中不受控地翻轉飛行了超過一星期後，重新進入大氣層。幸好這次是無人的聯盟號任務。要是上面有組員，他們只能無助地在太空中漂浮好幾天，然後墜入大氣層。天曉得太空艙和降落傘是否還能正常運作，或是組員經過那麼多天的瘋狂亂轉之後

是否還能存活。大家都沒有說出這些想法。

　　無人版的聯盟號火箭和載人版的有很多相似之處，因此俄羅斯方面想要百分之百確認同樣的問題不會在聯盟號載人火箭上發生。在失事調查期間，他們暫緩了下一次的發射，也就是接替我、莎曼珊和安東的太空人會延後上來。太空站計畫不想要長時間只有三位太空人在國際太空站上，因此決定延長我們返回地球的時間。唯一的問題是，他們沒有告訴我們要在太空中多待多久。

　　身為指揮官，我最關心的是組員的心理健康，為了避免大家私底下揣測太多，我隨時把最新狀況讓每個人知道。以組員的身分和大家聚在一起，各自分享來自俄羅斯和美國兩邊的最新傳言，是一件很有娛樂性的事，因為我們想要盡量搜集情報，而每個人似乎都會收到朋友的電子郵件，或是打電話給「內部消息來源」，所以每天24小時不斷有精采的內幕消息進來。我甚至為組員開了一個賭盤，類似美式足球賭盤，賭下一組人員要多久之後才會發射，以及我們的降落時間會被延後多久。最後是安東贏了。回到地球之後，組員一在俄羅斯星城降落，就把安東贏的錢給他。

2009年的STS-128任務中，太空人在桁架上安裝了一個新的氨槽。幾年後在42號遠征期間，這個系統被判定氨外洩而觸動警報。

　　我為我們在這種不確定狀況下的表現感到驕傲。在整個過程中，莎曼珊、安東和我都維持了非常健康的心態，無論要準時返回地球，還是配合任務延長停留時間多久，我們都有心理準備。我們的首席飛行主任史考特·史多弗（Scott Stover），以及我們的太空站計畫經理麥克·薩夫雷迪尼（Mike Suffredini），每次一有消息就會馬上告訴我們。只不過他們也沒有太多消息可以分享，特別是從NASA那邊。因為這其實是俄羅斯方面的問題和決定。總之，沒有人知道我們會在太空待多久。

　　我們面臨了幾個問題：被困在太空的時候要做什麼，尤其是在不知道會被困多久的情況下？似乎只能過一天算一天。要不要做太空漫步，這本來是要等組員有空才能做的？多做些科學實驗？這很困難，因為實驗需要的物資和設備我們大部分都沒有。為了找事做，我們把PMM艙從第一節點艙底部搬到第三節點艙的前接口，讓第一節點艙面向地球的接口空出來，給將來的補給船使用。

更重要的是，我們南邊的視野清出來了。我很自豪我們能把太空站計畫的待辦清單上一些重要事項解決掉。

我在這段時間學到非常寶貴的一課。我常說，太空人必須把當下的任務當成最後一個，用這種心態看待它。我當時的心態就是這樣：我在太空中的日子不多了，我要把這段時間視為以後再也不會有的機會，最終我會在地球上度過餘生。所以我得趕緊把我想拍的照片和影片拍完，還有打電話到地球給每個我想嚇嚇他們的人，跟他們說：「喂！我是泰瑞——對——就是那個泰瑞，在太空那個！」我也想讓我們的時間過得更充實，這一點我們的任務控制中心做得很徹底。不管是太空任務，或是南極遠征，還是外派的駐軍，總之在進行所有遠離日常生活舒適圈的任務時，最怕的就是無聊。我從未意識到一旦回到地球，我會有很多機會遇到非常類似的情況，就是一天天等下去，決定下一步是什麼。受困太空是一次寶貴的機會，讓我學到耐心和珍惜自己所擁有的時間的重要，即使那不是出於自願的選擇——因為不論好壞，事情總有結束的一天。∎

Terry Virts
@AstroTerry

昨天和42號遠征的組員一起欣賞我們的「注意」和「警告」假警報訊號。

轉推 406
喜歡 867
7:08 PM – 15 Jan 2015

**飛行主任**

NASA的飛行主任管理休士頓任務控制中心，指揮一個小組為任務的安全與效率問題提供即時決策。擔任過飛行主任的人比太空人更少，在真正的意義上這個工作是NASA的頂峰。

AMMONIA CARTRIDGE BAG

EMERGENCY USE
AMMONIA CARTRIDGE BAG
P/N 3597

GE BAG

2014年12月我和莎曼珊一起
進行緊急氧氣罩訓練。我要
她說話大聲點（當然不是大
吼）。戴著這種面罩說話和
聽人講話都非常困難。

蔬菜實驗：哥倫布號實驗艙中用粉紅色LED燈讓植物生長。我們很喜歡路過這裡，看著植物生長，這和我們在太空中看到的一切毫不相同。

我打電話到地球，給每個我想嚇嚇他們的人，跟他們說：「喂！我是泰瑞——對——就是那個泰瑞，在太空那個！」

上圖：我的任務加上受訓的時間，必須和家人分開超過三年。這個代價比我預期的更大。
右頁：我的女兒史蒂芬妮和她的同學在她生日那天打視訊電話到太空給我。有一天她從學校回家，在車上的收音機聽到我的太空衣裡面都是水，我可能會溺水。幸好那又一次假警報，但聽到這樣的消息又只能無助地等，對她來說很折磨。

ALT= 220.2 nm  Beta= -14.7°  LAT= 10.3°N  LON= 151.4°E
Moon Phase= Waning Crescent (19% of Full)
Next CONUS VHF Comm Event: AOS DFR SUV= -00:20:00
Next EOS: Papahanaumokuakea = -00:06:56
Next Moonrise= -00:03:31  Moonset= -01:08:31
Next RUS Comm Event: AOS USK UV= -01:37:59
Next Sunrise= -00:18:35  Sunset= -01:15:35

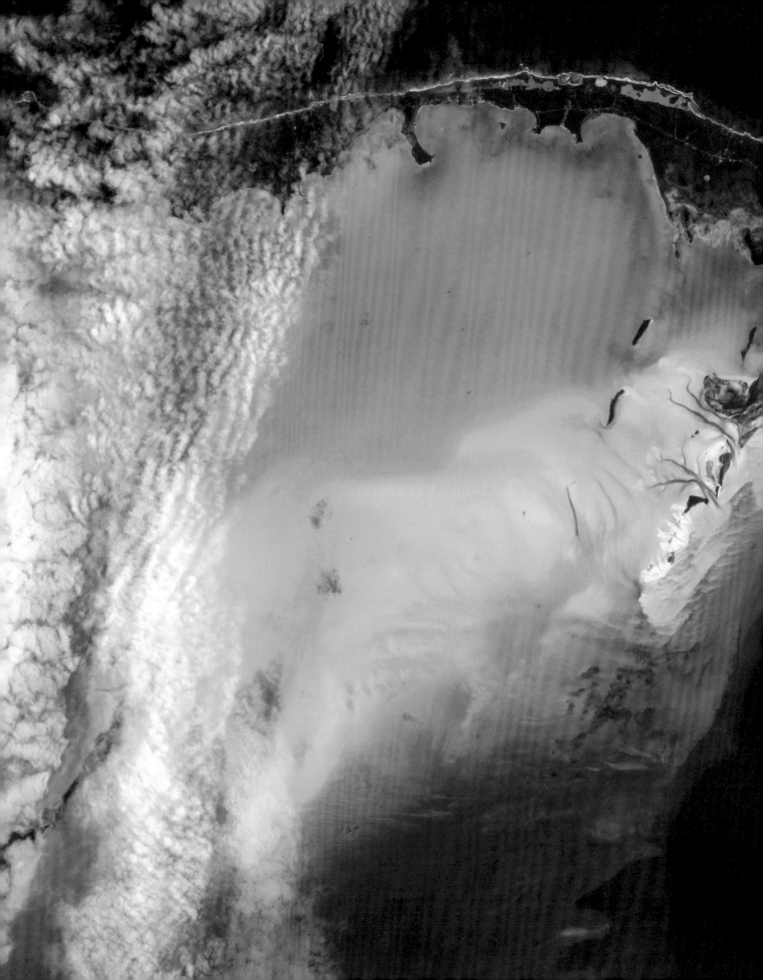

# 繽紛色彩

## 第六章　看見全新的地球

6

繽紛色彩

**際太空站環繞**地球的軌道不算太高，大約是在地表上方400公里。雖然從國際太空站往下看，可以看見地球的弧線，但這和從遙遠的太空中──比如說從月球上──看到地球是漂浮在一片漆黑之中的小圓盤，是很不一樣的。我喜歡想像阿波羅號太空人看到那個像一顆「藍色大彈珠」的地球時的感覺。我想，從那個距離，應該會對地球鮮明的藍與白感到震撼。靠近一點，就可以開始看到陸地和其他顏色。最先引起你注意的應該是沙漠的棕色，大陸上大片森林的綠也會浮現出來。然後，來到很靠近地球的位置，就會看到一些很奇異的顏色，彷彿是老天爺特地留下來的，準備用在一些很特別的地方。

不過最主要的還是藍色和白色──這兩種顏色顯示我們這個星球有非常大量的水。對於進行太空旅行的人類來說，沒有比水更重要的東西了。我們喝水、用水煮食，我們可以移除水中的氫原子，呼吸剩下來的氧。我們甚至可以結合氫和氧來製造電力。結合這兩種元素時再加上熱，就成了我們目前所知最有效率的火箭燃料，把我送上太空的奮進號太空梭，所用的火箭引擎就是以液態氫和液態氧為燃料。水是非常有用的東西，以完美的設計供養地球上所有的生命，也是地球以外的生命不可或缺的。每當我回望地球，幾乎每一個景象中的主角都是水，也讓我每天都可以看到美麗、值得拍攝的風景。

我向來喜歡藝術，特別是印象派，以及莫內、竇加、雷索瓦這幾位大師。

前頁：長島是巴哈馬群島中最美的島嶼之一。
左頁：從國際太空站上看出去，方向有時會讓人錯亂。這是地中海，從土耳其、塞浦路斯、約旦，一直到埃及。北方在下。從這些奇怪的角度看地球常讓我搞不清方向。

我是在米卡女士的高中法文課第一次認識他們，從此就對他們運用色彩、光線與紋理的方式深深著迷。從外太空看地球、月亮、行星和恆星，就像在美術館觀賞無價的畫作。雖然我最先注意到的是白色，但藍色絕對是地球最顯著的顏色。假如你在白天被傳送到國際太空站，只有一分鐘可以往窗外看，我保證你一定會看到藍色，因為你要不就是飛在大陸和海洋交接處上空，要不就是在大海上空，而且最有可能的是太平洋。俄羅斯冬天綿延不絕的雪地十分壯觀，但太平洋無止盡的水域更叫人嘆為觀止。太平洋讓我最驚訝的地方之一，是茫茫大海中央竟然有那麼多美麗的半月形島嶼：環礁。這些島總是讓我好奇上面是否有人居住，有的話，是否知道有人正從外太空看著他們。

白色，藍色。從月亮上看地球的話，這是最顯眼的顏色。有趣的是這其實都是水的顏色，只不過是以海洋、雲和雪的形式出現。但是地球上也有其他顏色。我本來以為綠色會很顯眼，但從遠處看，它往往消失在地球的眾多顏色之中。我看過最綠的是這三個地方：印度、中非和南美。這些地區往往被迷濛的雲層覆蓋，可能是溼氣、暴風雲，或是空氣污染。

不過要是運氣好，在天氣晴朗時飛越這些地方時，中非的叢林是深綠色的。地球上沒有任何地方看起來像這樣。2015年2月9日，我看到了壯觀的剛果和安哥拉，不禁好奇下面有多少種動植物，其中又有多少還沒有被人發現。南美是地球的另一個綠色地帶。從太平洋往東飛到大西洋，會快速飛越各式各樣你所能想到

美國德瑪瓦（Delmarva）半島東岸的乞沙比克灣下游流域。

的地形：海拔極高的沙漠，滿是岩石峭壁的安地斯山脈，一望無際的平原和農田，最後還有亞馬遜叢林。這塊大陸絕大部分被叢林和農田覆蓋，上面經常是風雨交加。我們難得一次在萬里無雲的時候飛越這裡，那次南美洲看起來非常綠──難怪是地球上生物多樣性最高的地方之一。

2015年春天，我為電影《美麗星球》拍攝一段很難拍的畫面時，充分感受到地球的綠有多麼難得一見。我的任務是拍攝莎莎曼珊平靜地在穹頂艙內漂浮，難是難在光線──白天時，背景會有大量來自海洋和雲的眩光，所以沒辦法好

好拍攝莎曼珊。如果地球曝光良好，莎曼珊就會是暗的，如果要捕捉莎曼珊的影像，背景就會爆亮而無法辨識。

我當時想，或許可以利用深綠色的叢林當背景來拍攝這個場景。所以我架設了所有裝備，包括錄影機、燈光，也跟莎曼珊協調好請她注意拍攝時機。她在穹頂艙拍攝地球時，我會開始錄影，把鏡頭慢慢往下靠近她。當時我們正飛越南美洲上空，如果運氣好，我們就會找到一片沒有雲的暗綠色叢林。要同時讓莎曼珊和背景中的地球適當曝光，這是唯一的希望。結果運氣很好，當時是當地的下午，表示光線不會那麼刺眼。莎曼珊就定位之後，我們開始等，終於遠方出現了一小片綠，周圍是刺眼的白雲。她開始倒數，聽到她的提示，我就開始拍，捕捉到那幾秒鐘的空檔。這是《美麗星球》中我最得意的場景。

**這些繽紛色彩**的無限多種組合，生動而美麗地說明了地球是多麼適合生物生存。各種藍色和白色是地球充滿水的明證。液態水；結凍的冰；飽含雨水的雲。我們森林的綠色也是這些水的貢獻，證明了氧氣與二氧化碳對森林扮演了多麼關鍵的角色。地球確實是個設計完美的生命支持系統，利用太陽的能量，有以水為基礎的生態系，更有植物與動物之間微妙的平衡，來維持環境中的氧氣與二氧化碳，讓我們在其中生存繁衍。不過，太空就完全相反。太空人需要的食物、水和空氣都需要外界的供給，我們製造的二氧化碳及廢棄物也要自行移除。為此，我們的科學家和工程師設計了一套精細的回收系統。

在地球上，所有的綠色樹木天生就會從空氣中回收二氧化碳，不過在太空站上，如同在潛水艇裡，這項重要的工作落到機器身上。在俄羅斯艙段，是由一臺「沃茲杜克」機（Vozdukh，俄語「空氣」的意思）負責，美國艙段主要是用二氧化碳去除系統（CDRA），並以名為「胺交換床」（Amine Swingbed）的科學酬載作為備用儀器。我們也有太空梭計畫剩下的氫氧化鋰過濾罐，捏一下，就可以用手動方式清除二氧化碳。不過我們還是最傾向使用CDRA，因為它已經整合到我們的回收系統中，可以捕捉二氧化碳，透過沙巴提耶反應（Sabatier reaction）與氫原子結合，製造水和甲烷。甲烷會被丟出站外，水則可以拿來飲用，或是以電解方式把水分子分解成氧和氫，製造氧氣。這個回收循環系統是很聰明的設計，組員吸入氧氣呼出二氧化碳，把電解得到的氫原子放回沙巴提耶反應器裡面，就能不斷反覆循環。這不是一個效率100%的閉路系統，但考慮到把補給品送上軌道的費用和水的密度都很高，在國際太空站上使用它絕對是值得的。

我們盡量重複使用所有資源。太空人平均一天需要3公斤的水，因此回收是一定要的。將來離開繞地軌道的太空船無法每一兩個月接到補給船的物資，因

**CDRA**

這是和冰箱差不多大的裝置，會對從空氣中吸收二氧化碳的「吸收床」吹出冷卻過的乾空氣。這些二氧化碳會透過其他設備回收，或是釋放到太空中。CDRA效果很好，但需要常常維護。

**沙巴提耶反應**

結合氫與二氧化碳產生水和甲烷的化學反應。在國際太空站上，二氧化碳是來自組員，由CDRA負責捕捉。氫是電解反應的副產品，太空站上是利用電解來產生可供呼吸的氧和氫。

**Terry Virts**
@AstroTerry

飛越撒哈拉沙漠
上空時，太空站
內一片通紅。

轉推 1,329
喜歡 2,340
1:37 PM - 21 Dec 2014

此我們趁現在離地球不遠，正在發展回收資源的方法，希望將來的太空人能前往更遙遠的太空。誰知道呢？或許解決了太空中棘手的回收問題，也就能解決地球上的難題。畢竟需求是發明之母。世界上許多無法取得乾淨飲用水的偏遠地區，已經在使用NASA的水回收技術了。

CDRA雖然已經很先進了，但還是有幾個問題，就是容易壞，需要經常維修，而且無法把太空站的二氧化碳濃度壓到很低。每個太空人對暴露在二氧化碳中的反應不一。起飛之前NASA對我實施一套精密的程序，目的是精準確認我會有什麼症狀——他們要我把頭放進一個袋子裡呼吸，直到我再也無法忍受為止！他們告訴我要一直呼吸到感覺症狀出現了，再把袋子拿掉。不過，正如同所有戰鬥機飛行員和太空人會做的事一樣，這在STS-130組員之間成了一場競賽。我不會說最後是誰贏了，只能說我是最後一個頭上還有袋子的人——這大概和我的個性比較有關，而不是我對二氧化碳的容忍度。

我的症狀十分典型：頭暈、出汗、嘴唇和指尖發麻、呼吸加快。我在太空飛行時千真萬確地感受到這些症狀。那次和國際太空站對接、待了十天之後，我們六個組員向太空站的人道別，回到奮進號，關上艙口。整組人員擠在狹小的太空梭裡，不出幾分鐘，每個人都開始感受到二氧化碳。我們聯絡休士頓，他們要我們多用一個氫氧化鋰罐來過濾空氣。那些本來開始變得明顯的二氧化碳症狀很快就不見了。地球上有樹真是老天保佑。我們在太空中用的是機器，但效果還是不一樣。

和太空梭相比，太空站上的二氧化碳問題比較難察覺。我們的呼吸系統需要各種氣體之間有恰當的比例才能順利運作，主要是氮、氧和二氧化碳。這些氣體各施加特定的壓力，以毫米汞柱表示（這也是衡量血壓的單位）。地球大氣中來自二氧化碳的壓力大約是0.3毫米汞柱，在國際太空站上，這個數字最高可以到3毫米汞柱，是地球上的十倍。這不會馬上造成像「袋子呼吸」實驗那樣的反應，但時間一久，大多數太空人都會有明顯的反應，而且每個人的感受很不一樣。

首先是頭痛。很多組員會有二氧化碳引起的頭痛，這只是一般的頭痛，不是偏頭痛或是尖銳的劇痛，而是持續性的悶痛。組員可能會變得易怒，或是腦部功能變差，我們為這個現象取了可愛的名字：「太空腦」。在含有大量二氧化碳的空氣中呼吸會無法順利思考（感覺也不好）。42號遠征結束後，亞歷山大、伊蓮娜和布屈回到地球，我們剩下的三人留在太空站上。製造二氧化碳的人數少了一半，空氣開始變好。幾個星期後，接替他們的組員到達時，我注意到二氧化碳濃度又上升了。1月的氨氣事件之後，我們保留當時已經用了一些的氧氣罩，等待地面控制中心指示我們該怎麼處理。後來消息傳上來，說我們可

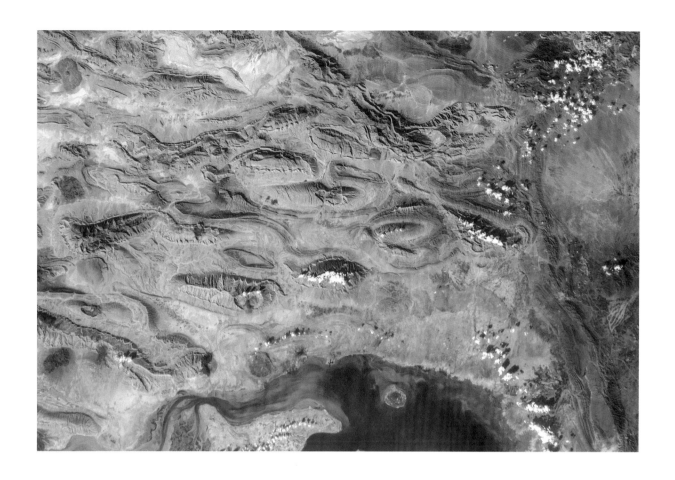

以把剩下的氧氣釋放到艙內大氣中時，那一天真是過得太開心了。我們聚在一起，輪流用面罩吸純氧，吸完就傳給下一個。什麼氣味都比不上新鮮空氣！太空漫步時，我也注意到太空衣中的純氧環境會造成很大的差別，讓我的頭腦變清楚。以前我從來沒有想過純氧吸起來感覺會這麼好。

**CDRA的維護工作**複雜又耗時，通常必須連續五天只做這件事。不久我們就稱這段時間為「鯊魚週」。我在飛行期間有幸度過兩個鯊魚週，一次在42號遠征，另一次在43號遠征。這項維護工作是我在國際太空站上做過最困難的。首先，設備的空間安排很緊湊，有許多作為絕緣材料的泡棉，包得密密麻麻，擠在各種軟管、連接器和設備之間。好不容易到了CDRA之後，還有一系列的感測器和閥門要處理，有的東西要移除或更換都無比困難。

其中有一個閥門特別難觸及。要把它拿掉，得先鬆開一個螺栓，我開玩笑說（其實真的就是那樣）這玩意兒根本不是要給人類的手轉開的。我得動用四種不同的扳手（開口扳手、梅花扳手、老虎鉗，以及一種特殊的扁形棘輪扳

伊朗的札格洛斯山脈外觀十分獨特，和地球上其他的山脈都不一樣，形狀像波浪一樣，且經常出現迷濛的薄霧。

177

愛奧尼亞海中的兩個希臘島
嶼，綺色佳（圖左）和凱法
利尼亞。

澳洲上空的日出。從繞地軌
道上看，分隔日夜的「晨昏
線」十分明顯。

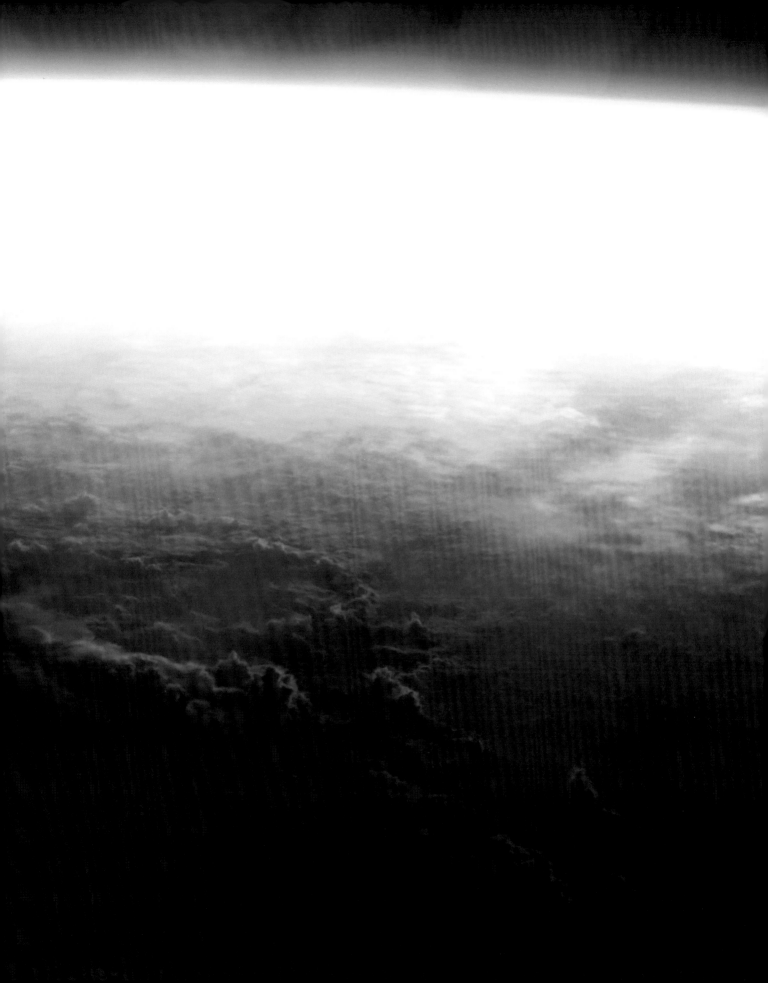

手）來轉這個螺栓。我咬著一支手電筒，把我的手硬擠到裡面去，把扳手放到螺栓上，轉動四分之一或八分之一圈，就轉不過去，然後把扳手拿下來，再重複整個過程一次，不斷轉到螺栓鬆開為止。光是把這顆螺栓轉下來就得花我一小時。不用說，整個過程自然是遠超過表訂時間。因為硬是把手擠進那麼狹小的空間，我手上弄出了一個大傷口，超過一個月才好。

這只是維修CDRA的眾多悲慘故事之一。這是一套了不起的設備，但它需要的維護時間實在太長了。未來人類前往火星時，可能沒有足夠的備用零件，但要是無法把二氧化碳從艙內大氣中移除，大家就會翹辮子。我希望國際太空站計畫能夠改善站上的二氧化碳系統。我知道這是最高管理階層的首要任務，取代它的機器已經在進階發展階段。這是我們要前往太陽系更遠處，進行更長期任務的關鍵技術。

在漂浮狀態下維修機器有好處也有壞處。我最喜歡的好處是可以頭上腳下，或是視需要把身體轉到任何方向。只要能用扶手或是其他東西讓自己穩定住，我就可以在天花板或牆上漂浮，抵達很難觸及的地方。不過也有意想不到的缺點，就是我常會搞不清楚東西南北上下左右。無重力環境沒有上下之分，需要做點有趣的心智體操，我的腦通常要花幾秒鐘才能弄懂自己的方位。有一次，我在第三節點艙的一塊儀表板後面，頭上腳下待了20分鐘。最後出來時，覺得整個太空站看起來很怪，腦子一直轉不過來，不知道哪一邊才是上面。三秒鐘之後才恢復正常。

無重力狀態最大的壞處是所有的東西都會漂走。無重力的「威力」常讓我目瞪口呆：所有沒有固定住的東西都會漂走。我最後一次離開國際太空站時，自己心中發笑，不知道多年後太空站撤離軌道時，會從

中南美洲讓我深深著迷。在短短幾秒鐘內，我們會飛越壯觀的沙漠、安地斯山脈、亞馬遜雨林，從米色飛到白色和花崗岩色，再到深綠色。

儀表板後面找到多少遺失物。

2014年12月有一支扭力扳手莫名其妙失蹤了。我們翻遍太空站的每個角落，特別是通風口，因為氣流的關係大部分的東西最後都會跑到這裡，但扳手就是找不到。找了好幾天之後，我們向地面控制中心報告這件事。但過了幾個月突然就找到了，就跟當初不見的時候一樣突然，它不知道怎麼到處亂漂，跑去躲在儲存起來的設備後面。關於太空中的東西是怎麼躲起來讓組員找不到，我們有各種解釋法。是神話裡的搗蛋鬼嗎？還是量子力學？無論真相是什麼，

我本來以為綠色會很顯眼，但從遠處看，它往往消失在地球的眾多顏色之中。我看過最綠的是這三個地方：印度、中非和南美。

如何避免物品遺失是太空人在太空中最大的挑戰之一。

**除了維持空氣清新之外**，回收系統的另一項重要職責是持續供水。在太空站上，我們有兩種方法取得飲用水和加入乾燥食物用的水：可以從地球送上來，或是重複使用站上的水。我們主要是回收這兩種廢水：空氣中的溼氣和尿液。溼氣主要來自組員的呼吸與排汗。你可以想像，住在一個密封的罐子裡，裡面的溼度很快就會開始增加。俄羅斯有一套可以回收溼氣、轉為飲用水的系統。美國也有類似的系統，可以從空氣中吸收水氣，放回我們的廢水處理系統和回收尿液的系統。

　　這兩種廢水都會被轉成乾淨的水，作為飲水或用於復水食物，以及製造呼吸用的氧。我們這套回收系統在處理水的部分確實表現得很優秀，可以讓六個組員持續在太空中生活，只需要極少量來自地球的補給。我每個星期都要花好幾個鐘頭，把各種不同的盛水容器在站內來回搬運，拆裝連接軟管，但這時間花得很值得。太空站最大的成就之一，是做出近乎閉路循環的水和空氣環境，這也是人類未來要進行任何太空探索所需要的核心技術。

**我還是菜鳥太空人時**，曾在新墨西哥州跟著訓練過阿波羅號太空人的傳奇地質學家比爾・穆爾伯格（Bill Muehlberger）博士進行地質學田野訓練。NASA的人向來是樂觀派的，即使我們上次登陸月球已經是1972年的事，每個新太空人還是要上一堂簡短的基本地質學田野課程。因為未來我們可能會在某個遙遠的行星表面檢視岩石。比爾開玩笑說，植物會妨礙地質學家工作，不屑地稱它們「那些蔬菜」。每當想到比爾，我總是會露出微笑，猜想他會怎麼看待我們飛越非洲和南美洲叢林時看到的底下那些「蔬菜」。但我知道飛到壯觀的澳洲、北非、中國和智利沙漠上空時，他一定會看得目不轉睛。不知道為什麼，沙漠總會吸引我的注意，或許是因為沙漠的地質很有趣，也或許是因為它和海洋與森林構成很大的反差。也有可能是因為它的顏色。

　　STS-130任務期間我們安裝了穹頂艙，透過它的七扇窗戶，可以看到360度的地球全景。就在我們第一次打開穹頂艙窗戶的遮光門之後的隔天，我漂浮在隔壁艙內，剎那間整個太空站的內部變了顏色，牆上閃耀著橘色、粉紅色、紅

色的光輝。我快速看了一下我們的世界地圖軟體，確認了我想的是對的：我們正飛越澳洲內陸。這個經歷在我的兩次太空飛行中，總共遇到一百多次，太空站裡一瞬間全變成紅色，這時我就知道底下是澳洲內陸。澳洲很大，大到我們飛在這塊大陸正中央時，不管從哪個方向看出去都是陸地，而且幾乎都是紅色的，直到飛抵東岸城市雪梨、墨爾本和布利斯班為止。

北非也是紅色的，不過也帶著粉紅、棕色和橘色。這個奇妙的色彩組合在地球上是獨一無二的，美得令人稱奇。我往下看到撒哈拉沙漠和亞特拉斯山脈應該有一百次了，每一次心裡都在想，要是能在地面上看看那些壯觀奇特的山、峽谷和各種地質結構，該有多酷！穆爾伯格博士一定會好好把握這個可以鳥瞰整個地球的機會，這樣的畫面在地面上只能想像而已。從我這個角度看，非洲大陸有地球上最有趣的地質景觀，從棕色與紅色的撒哈拉沙漠西北部，一直到東非裂谷（這是非洲東部的巨大高原），還有非洲西南部納米比亞的巨大沙丘。我在第一次上太空之前，一直以為非洲叢林會是這塊大陸最顯著的顏色。在繞地軌道上看過非洲之後，現在我知道它是一塊擁有美麗的地質景觀、色彩繽紛壯觀的多元大陸。

澳洲和非洲的沙漠廣大無邊，色彩鮮紅，充滿有趣的地質結構（而且沒有蔬菜），而中國西部和蒙古的沙漠又是另一番風情。這裡的沙漠始於南邊的喜馬拉雅山，這座山隔開了南邊印度和孟加拉的綠色森林，和北邊的沙漠。這群地球上最高的山峰總是蓋滿白雪，從繞地軌道上可以看到，雖然山的北面也有融雪，大多數融雪是往南邊流去。與喜馬拉雅山北邊相連的西藏高原上，有許多深藍色的湖泊，到了某個區域湖泊消失，變成一片巨大的米色沙漠。我在太空中時，這個區域大部分時間都是雪白一片。我猜這應該是地球上最冷的地方之一，我很高興我是在太空船上的「室溫」中往下看！

這個區域出人意料的不是雪，不是顏色燦爛的湖泊，也不是奇異的沙漠地形，而是人造景觀：形狀怪異的農地和綿延數百公里的道路形成有趣的圖案，一路延伸到戈壁沙漠。這裡雖然是地球上最偏遠的地方之一，但顯然有很多人類活動。每當白天飛越這片區域，我總是很高興，因為我肯定會看到之前沒看過的東西，甚至拍到有趣的畫面。

澳洲或許是顏色最紅的沙漠，撒哈拉沙漠或許是面積最大的，但這些和阿拉伯的沙漠比起來都不算什麼。從太空中看，這裡似乎是地球上最缺水的地方。美麗的沙地綿延數百公里，大片的沙丘、壯觀的山脈、地表的裂隙，以及美麗的土耳其藍的海岸線。要說阿拉伯沙漠缺了什麼，那就是容易讓人類生存的環境。

42號遠征進行兩個星期之後，我看到了一件讓我大吃一驚的事：阿拉伯和

從軌道上看西澳大利亞鯊魚灣的奇特色彩。

世界地圖

這是太空梭和目前國際太空站上的太空人用來查看自己在地球上空所在位置的標準軟體。它可以顯示雲層覆蓋度，儲存組員需要拍攝、或是想要查看的地點，顯示太空站目前及未來的繞行軌跡等等。

伊朗的地形差異。波斯的札格洛斯山脈（Zagros Mountains）和山丘是地球上絕無僅有的，任何一塊大陸上的山脈都沒有那種皺褶和曲線，彷彿這片山地是被強風吹出來的水波紋。伊朗上方也瀰漫著一層煙霧，很可能是風從沙漠吹上來的沙，或是和當地的土壤類型有關。這些壯觀的扇貝狀山脈，以及特殊的沙漠迷霧，讓我難忘伊朗確實是來自一個與今迥異的古老時代。

地球上似乎有無限多種因為水而出現的色彩——藍色、綠色、白色——以及因為缺水而出現的色彩——棕色、橘色和紅色，其中我最愛的是巴哈馬群島和加勒比海水域的細緻土耳其藍。

有人問我，從太空中看過地球上這麼多地方之後，我最想去的是哪裡。我總是回答，身為太空人最大的困擾之一，是你的口袋名單會愈來愈長。不過假如一定要我說的話，那應該是巴哈馬群島。地球上沒有其他地方像這裡一樣，美麗的淺海下面襯著白沙，每當我們白天經過時總是深深吸引。更奇妙的是，有時甚至在晚上也可以看見這片土耳其藍的海水，水上映著明亮的滿月。太平洋、紅海或是印度洋的小環礁也有很多這樣的景色，但沒有其他地方像巴哈馬群島和加勒比海有這麼廣大、這麼美麗的土耳其藍。

**「你們趕快下來看！」** 我對組員大喊。從穹頂艙望出去，可以看到一個怪獸級的巨型颱風，之前的颱風和這個比起來都成了侏儒。地球上有很多熱帶氣旋，我在200天的任務期間見過超過20個，各有各的威力，讓人印象深刻。但看到瑪莎颱風時我倒抽了一口氣。她的颱風眼是我見過最大的，非常清楚。我們從它正上方飛過，可以直接看進風暴中心。

世界最高的山地喜馬拉雅山橫跨印度叢林和中國沙漠之間，表面總是蓋滿白雪。從太空中看，它的延伸範圍沒有我想像中那麼大。

又繞了地球幾圈之後，我們在晚上看到了同樣的颱風，莎曼珊拍了幾張照片，恰好捕捉到一道閃電在颱風眼上閃過的瞬間，後來這張照片被氣象學家拿來研究熱帶颱風的結構。瑪莎很快發展成美國颱風分級標準表上的五級颱風，是太平洋這個地區在4月以前出現的熱帶氣旋中威力最強大的。我試過用推特、甚至打電話給任務控制中心，想警告菲律賓的居民，他們當時一定已經感受到

瑪莎的恐怖力量。拍攝像這樣強大的熱帶風暴時，我總是非常感激現在有衛星雲圖，可以讓我們及早知道這些天氣怪獸的存在。我相信NASA（以及國際太空站太空人）發出的預警，每年一定拯救了數千條人命。

　　水能養育生命，也有巨大的力量能摧毀生命財產。在這個被藍色和白色主宰的星球上，像瑪莎這樣的颶風清晰地展示了水、風和天氣的力量。身為一個曾經待過國際太空站的太空人，我很了解飲水和可以呼吸的空氣有多重要，要是沒有一個自然生態系可以提供這些，就需要結合眾人的努力、花很多工夫來做到。地球上的沙漠，無論是在澳洲、撒哈拉，還是阿拉伯半島，就是在提醒我們，沒有水來賦予生命的地方會是什麼樣子。太空比地球上最乾燥的沙漠還要乾燥，無論人類在未來數十年、乃至於幾百年想要去哪裡探索，很可能都必須攜帶能供應空氣與水的設備才能生存。我相信不管我們將來到了太陽系的哪個角落，最美、色彩最繽紛的地方還是地球。　■

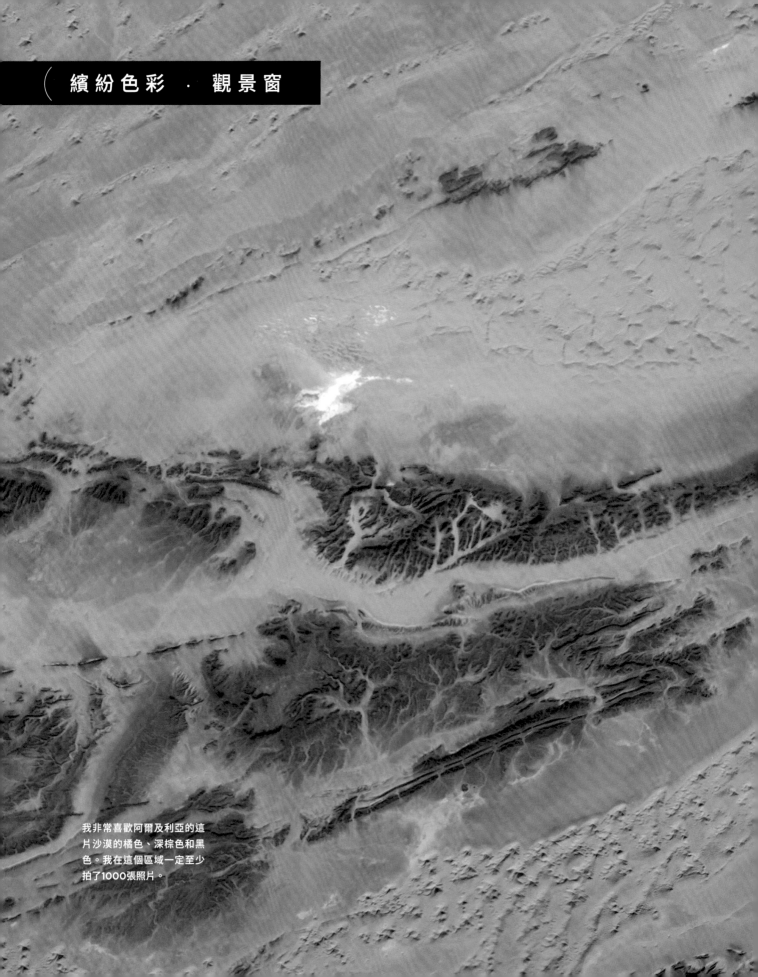

我非常喜歡阿爾及利亞的這
片沙漠的橘色、深棕色和黑
色。我在這個區域一定至少
拍了1000張照片。

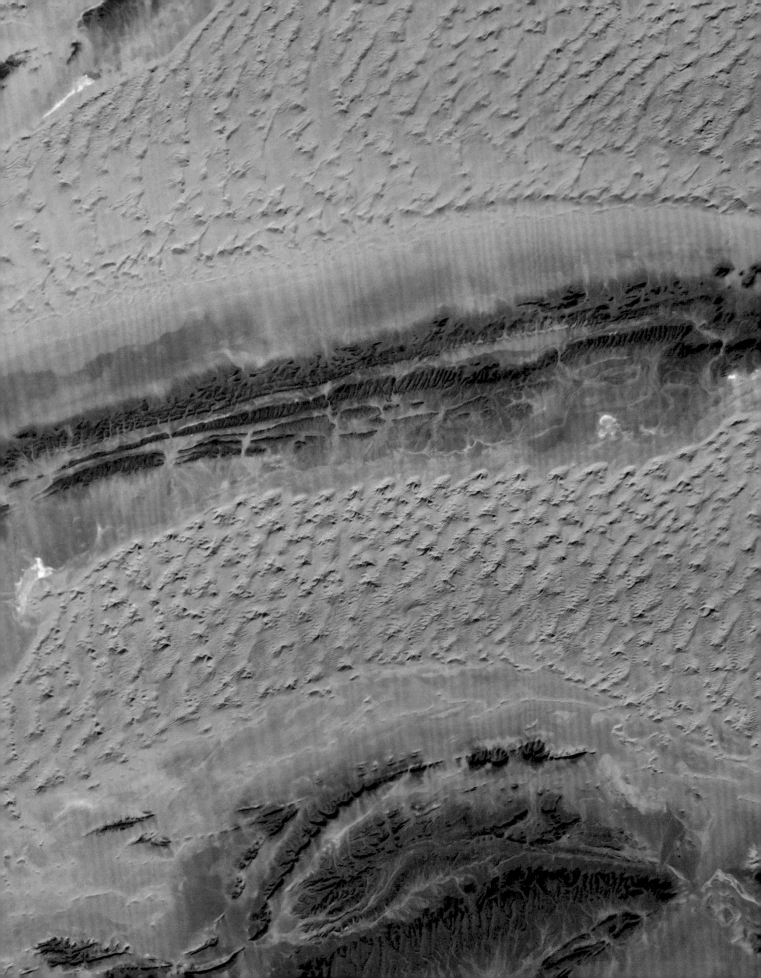

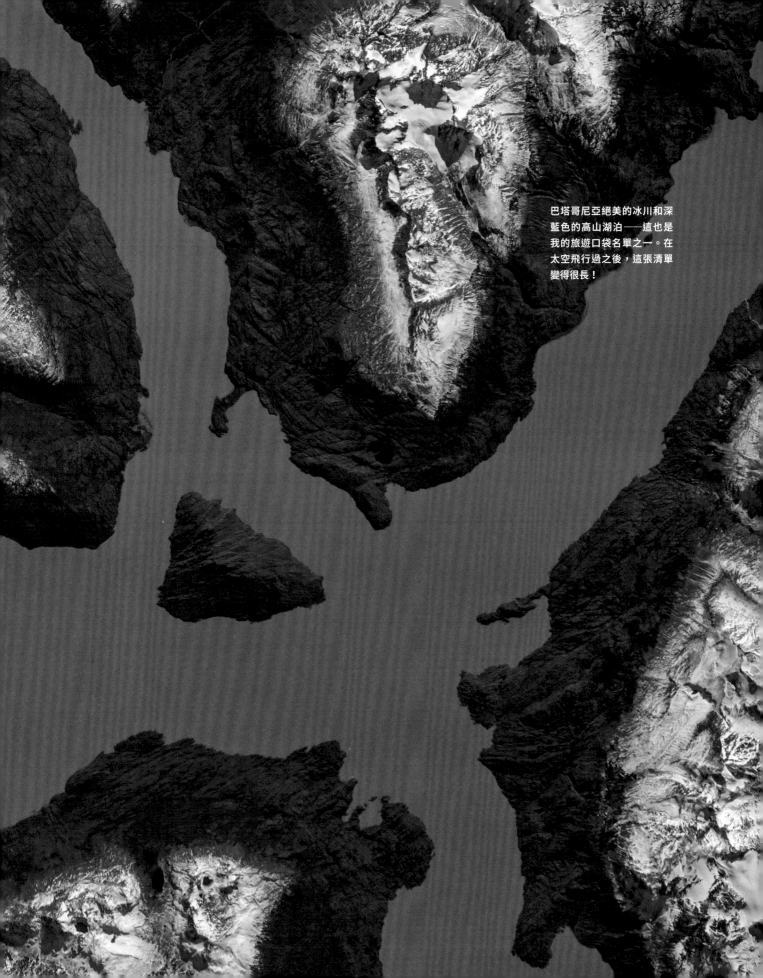

巴塔哥尼亞絕美的冰川和深藍色的高山湖泊──這也是我的旅遊口袋名單之一。在太空飛行過之後，這張清單變得很長！

瑪莎颱風的颱風眼是我見過最大的，非常清楚。
我們從它正上方飛過，可以直接看進風暴中心。

上圖：從國際太空站上看南太平洋的熱帶氣旋班西，它的颱風眼因閃電而發亮。夜間的雷暴看起來非常迷人，特別是在非洲上空。
右頁：一個亮藍色湖泊在西藏高原上創造出美麗的綠洲。

我在地球的每一片海洋上，
都看過像這樣的水藍色和土
耳其藍斑紋。

在太空中看起來，北非沙漠
的這些沙脊非常明顯，特別
是在晨曦的光線下。

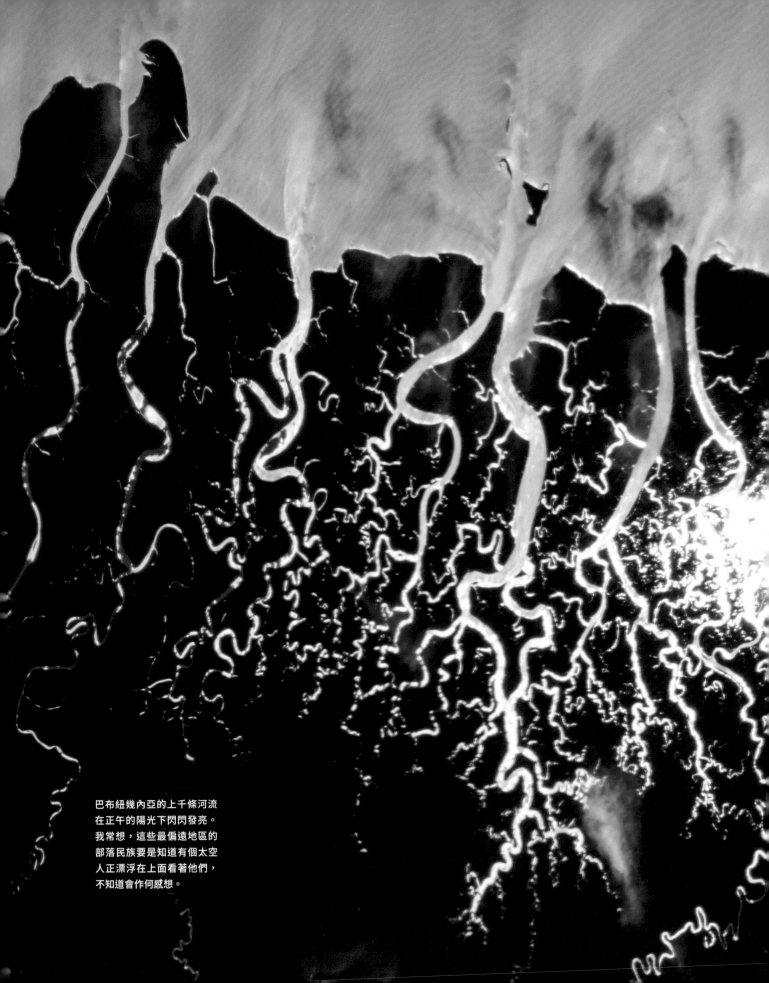

巴布紐幾內亞的上千條河流
在正午的陽光下閃閃發亮。
我常想,這些最偏遠地區的
部落民族要是知道有個太空
人正漂浮在上面看著他們,
不知道會作何感想。

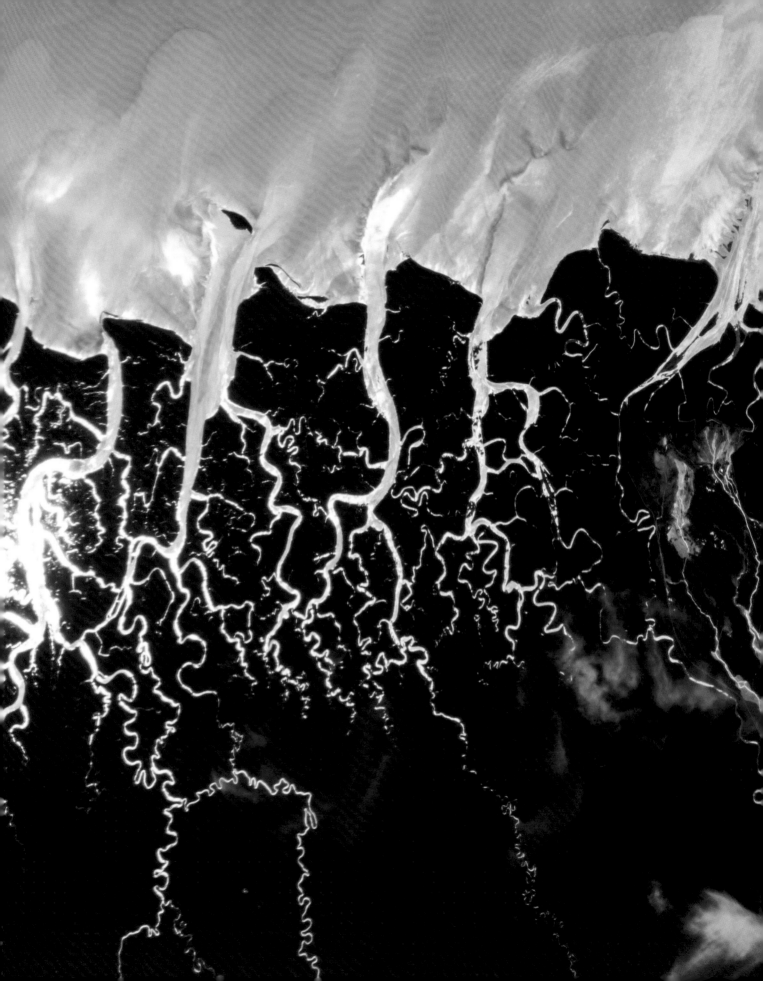

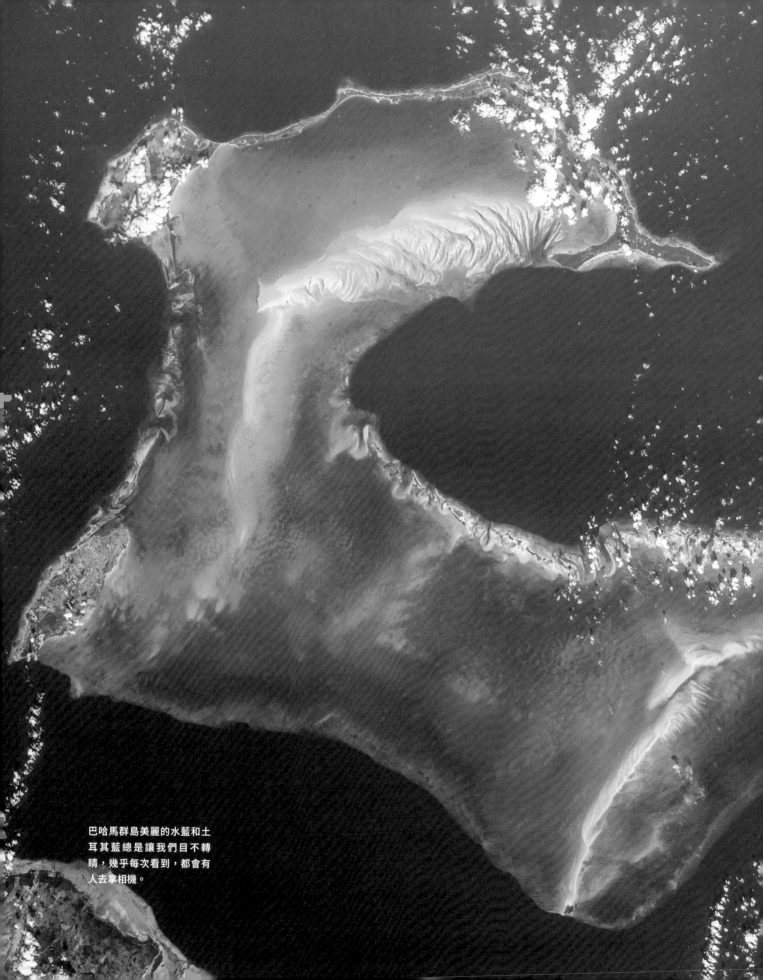

巴哈馬群島美麗的水藍和土耳其藍總是讓我們目不轉睛,幾乎每次看到,都會有人去拿相機。

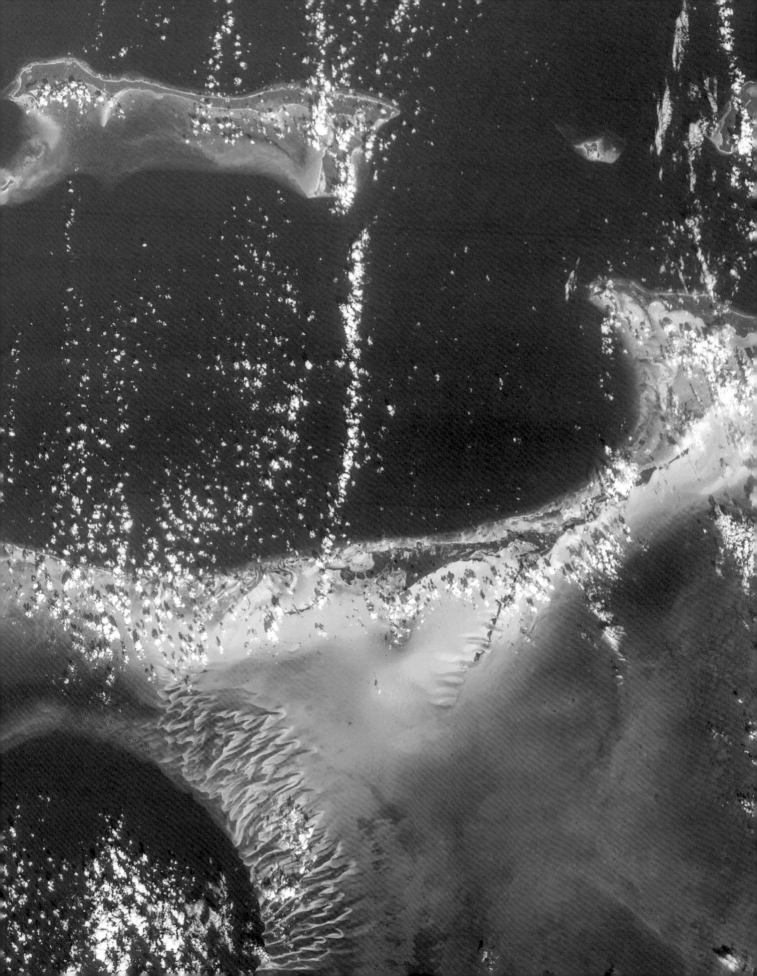

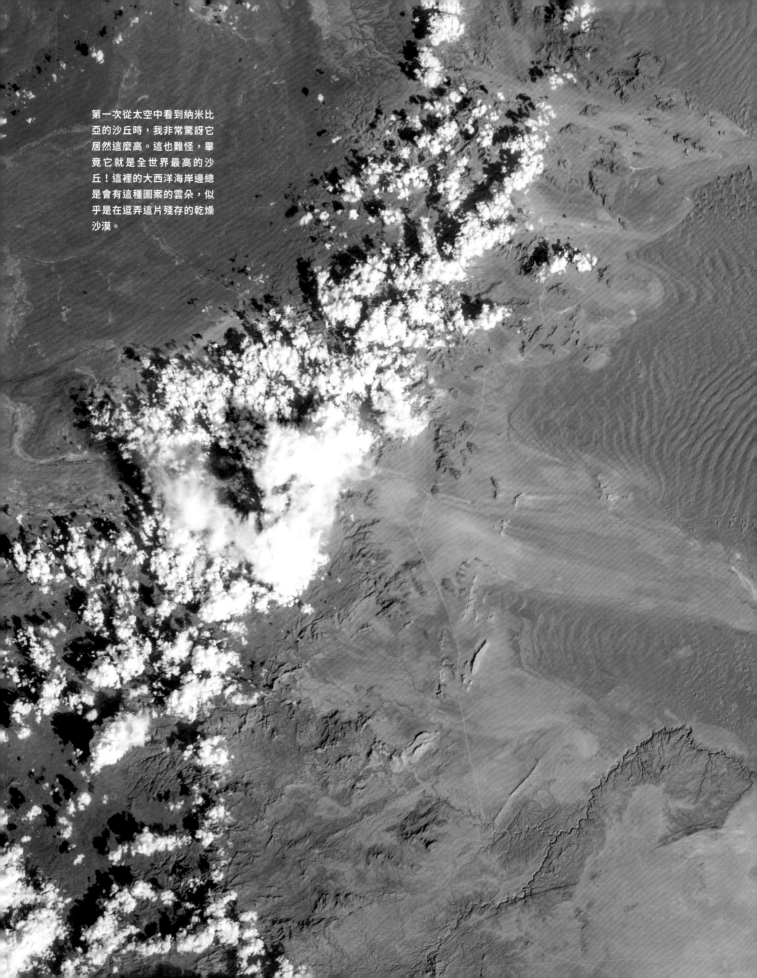

第一次從太空中看到納米比
亞的沙丘時，我非常驚訝它
居然這麼高。這也難怪，畢
竟它就是全世界最高的沙
丘！這裡的大西洋海岸邊總
是會有這種圖案的雲朵，似
乎是在逗弄這片殘存的乾燥
沙漠。

# 太空漫步

第七章　太空中的小一步

太空漫步

**在職業生涯中**做過很多奇妙的事，很多我從來沒想過我會做的事。我駕駛過F-16戰鬥機，這架加速可達9g的機器，在最極限時可以讓你粉身碎骨，它的推進力甚至大於本身的重量，可以像火箭一樣垂直往上加速。我也駕駛過太空梭，這是人類史上最複雜的機器。太空梭任務中有好幾個階段是需要手動駕駛的，所以當我們和太空站分離，以及在著陸前像飛機一樣穿過地球大氣層時，確實是我在控制、駕駛奮進號。我曾在太空中待上好幾個月，適應無重力環境，看見人類在地球上很少看到的天體。但這些都比不上太空漫步。

第一步總是未知。沒有人可以預測自己踏出太空艙、進入漆黑的太空中，虛空和你之間只隔著幾公釐的塑膠時，會有什麼反應。我向來是個情緒極端平穩的人，就連在當戰鬥機駕駛員和試飛員時遇上緊急狀況也是一樣。但事實上，不到真的走出太空艙的那一刻，我無法確定自己究竟會作何反應。有的太空人第一次從相對穩定的太空站，來到無限廣大的外太空，看到巨大的地球漂浮在自己腳底下時，會感到強烈的暈眩。幸好我第一次踏出去時，太陽才正要升起，腳下的地球還是黑夜，我看不見地面，因此沒有任何墜落或是暈眩的感覺。

走出去的瞬間，我馬上放下一個定點繩讓自己穩住，然後放開扶手。這在心理上是個很重要的測試。我得要有信心，在接下來的超過六小時中，我會很

前頁：國際太空站右舷的桁架與成列的太陽能板在陽光下閃閃發亮。
左頁：太空漫步時必須在有限的時間內完成許多工作，我幾乎沒有時間享受風景。
如果可以有一次機會不帶任務專程出去拍照，該有多好！

安全。我知道我不會到其他地方去，也不會墜落，我會保持在這個位置，一切都很穩當。只是我得確保我的心臟了解我的腦知道的事。我感覺到信心提升了，也開始有點興奮。我第一次進行太空漫步不到一分鐘，就有了類似「媽咪你看，我放手了！」的時刻。

享受了幾秒鐘的樂子之後，我回到手邊的正事。我朝隊友望去（我們總是兩人一組進行EVA），確定他的繩索沒有問題，太空衣也穿戴妥當。他也幫我檢視了一遍。完成這些「夥伴檢查」程序之後，我們分別收到地面控制中心的通知，告訴我們可以開始作業了。我們幾乎是全程和休士頓的地面人員保持聯繫，從還沒踏出太空艙，到回到氣閘艙、脫下太空衣為止，他們每一步都會給予指示，告訴我們什麼時候可以離開氣閘艙區域，開始往外移動到太空站外的哪些工作地點。我要去的是太空站前方的右舷。

每一個動作都要經過精準規畫，盡量節省時間。有一條捷徑可以通往我的工作地點，能省下一分鐘，但我必須把手臂伸到最長，讓身體漂浮起來，同時要伸出手抓住隔壁的ESP-2艙。另一個選項是讓我的身體貼近站體，採取比較長的路徑，但不需要第一次太空漫步就整個人懸浮在太空中。有些太空人的手臂不夠長，無法一伸到位，但我在休士頓的中性浮力實驗室（NBL）中受訓時從來沒有這個問題。我伸手去抓ESP-2，準備走捷徑，但很快就停了下來，心裡對自己暗笑：「我還是走遠路，貼近太空站比較安全。」不是因為我不敢直接穿過去，而是我明白這個情境不是開玩笑的。寧願多花點時間，不要躁進。於是我前往第一個工作地點，比我的預期慢了一分鐘，但是安全，感覺也比較好。我終於到外太空啦！

我抵達太空站前方，開始裝配我帶來的一大包纜線。這次太空漫步我們是纜線工，負責開始裝配全長超過125公尺的纜線，整個過程需要三次太空漫步才能完成。這些纜線將來會傳輸電力和資料，給載運組員到太空站的美國太空艙。到達工作地點後，我驚訝地發現，在我的纜線包預定擺放的位置上已經有一包纜線了！我再次確認我的位置。一年多前，我在休士頓的NBL練習這項任務時，當時在同樣的位置也擺了一包纜線，但我忘了這回事，這一驚真是非同小可。此外，我的安全繩一直在扯我的腰。更糟的是，我的兩隻腳一直漂離我要工作的位置，所以我是處在一個頭下腳上、腳一直往外太空跑的彆扭姿勢。這條安全繩扯得我很煩，在游泳池練習時我沒有感受過這種力量，所以我沒把握這個工作地點對不對，同時還得努力把我的新纜線包裝在那個不明纜線包的位置上。EVA才開始15分鐘，我就開始搞不清楚狀況了。三次太空漫步的第一次就這樣，還真是個好開始！

還好很快就雨過天晴。和地面控制中心交談了幾句，我確認我來的地方沒

艙外活動（EVA）

NASA對太空漫步的專用術語。我們常用EV來稱呼任何在「外面」的東西或人，IV（艙內）來稱呼在太空船裡面的人。

氣閘艙

美國和俄羅斯艙段都有氣閘艙。我們出去之前大部分的空氣會先打到這裡來，再吸回太空站，以保留站內大氣。接著太空人再打開外部氣閘艙，進到外太空。從外面回來時則進行相反的程序。

有錯。於是我把我的纜線包裝到支架上，開始佈線。我花了幾分鐘調整姿勢，習慣了安全繩的拉扯，也比較知道怎麼控制身體的位置。你要是組裝過比較舊型的音響，要用很多喇叭線和紅、白、黃色的訊號線來連接所有組件，你大概就知道佈線可以有多混亂了。而什麼事情搬到太空中都會變得更複雜。太空纜線比地球上的一般纜線粗很多，傳輸量很大，因此也比較硬。由於我都是用手行走，所以無法用手來搬動纜線。要是接好其中一頭，放開另一頭的話，整條10公尺長的線很容易自己鬆開漂向太空，這時就尷尬了。我得用點創意，想辦法用繩索及我太空衣上的鉤環來攜帶、控制這些纜線。

你要是慢慢來，那你的動作就是太快了。這是我的同事、太空漫步經驗豐富的瑞克・馬斯特拉齊歐（Rick Mastracchio）在我出發前給我的建議。原因出在質量：太空人、150公斤重的太空衣、還有你攜帶的裝備與工具的質量。這些全部算進去，太空漫步時我的質量超過350公斤。因為太空中沒有阻力，只要很小的力就可以開始移動，所以很容易就移動太快，要花很大的工夫才能停下來。但在NBL情況是完全相反：必須要使出很大的力氣才能在水中移動，只要不出力，水的阻力就會很快把你停下來。

太空漫步的另一個重要原則是保持良好的姿勢。無論做什麼工作——接線、打電纜束、用電動工具拴螺栓，或是裝安全繩，所有動作都要在你的胸前做。我常開玩笑說，艙外太空衣（EMU）根本不是為人類設計的。上面的系統能提供呼吸用的

和地球上的潛水員一樣，太空人在太空漫步時會有潛水伕病、也就是減壓症的風險。我們有一套複雜的「預呼吸」程序，包括在面罩以及太空衣裡呼吸純氧。

氧、移除二氧化碳、冷卻、為空氣加壓（地球大氣壓力的三分之一）、通訊、防範太空中極小的微隕石與極端溫度、許多用來承接工具和安全繩的接點，以及視訊系統，都是為了輔助每次8.5小時之久的EVA。我們的手臂無法輕易伸到頭上或是移到側邊，因此若是不在正前方工作，會有受傷的危險。好消息是，在太空中很容易就可以轉成頭下腳上，所以要是位置不好，我通常可以整個人翻來翻去找位置。

就在這第一次的太空漫步期間，我的心態逐漸成熟。我從第一次到外面的

那一刻起，我就全神貫注在眼前的工作上，一步一步地進行。就像運動員若能只專注眼前的任務，不去擔心整體比賽結果，表現都會比較好。同樣的道理，我的全副心力都放在當下在做的事情上，完成後馬上開始下一件事。我一點都不緊張、害怕或趕時間，就只是專心。經過了一開始的適應期，太空漫步開始愈來愈順手。

EVA進入第四個鐘頭之後，有一個片刻我覺得頭腦十分清明。我停下來心想，一切都太順利了，每件事都被我們一一收拾解決，接下來千萬要更注意細節，不要搞砸。人很容易得意忘形，所以要繼續集中注意力，不要鬆懈。這或許是我三次太空漫步中最重要的時刻之一。這是一次頓悟：縱然一切都很順利，但只要一個小錯誤或失手，之前的所有努力就毀於一旦。事實上，雖然太空漫步是我經歷過最大的生理挑戰，但心理上的挑戰是更大的。

我們沿著太空站外佈線時，每隔兩、三公尺就得用纜線束把纜線固定在站體上；纜線束是類似衣架的軟金屬。當一條纜線佈置完成、固定好後，要把它接上電源時可能會很困難，因為有些太空站的接頭已經在真空中15年了，每天都要經歷16次正負250度的極端溫度變化。這才是真正的耗損。第二節點艙前面有個接口特別難接上。布屈和我使盡全力還是辦不到。我們花了好大一番工夫之後，地面控制中心告訴我們，那條纜線不必接沒關係，固定之後放著就好。我不禁大笑，心裡想著：如果可以早五分鐘說不是很好！然後我們就去做下一件事了。

第一次太空漫步之前我聽過簡報，說到太空站外哪些地方是熱的，哪些地方是冷的。當時我並沒有留意。大家都知道NASA對太多事情都過度謹慎，我以為這不過又是小題大作。但我確實記得太空人的道格·維洛克（Doug Wheelock）警告過我的「邊界層」——這是太空站上可能會很燙的地方。他說在陽光直射下，黑色表面上方大約15公分的區域都會很熱。第一次EVA進行三個小時之後，我靠在太空站最前方的PMA-2艙邊休息。當時是白天，我開始覺得非常溫暖，於是想起道格警告過我的事，還有NASA的簡報。太空漫步工程師幫我安排的工作時間和地點真是恰到好處。我從來沒有感覺過這樣的熱，這種熱和在休士頓的大熱天下進到車子裡，或是在沙灘上曬太陽完全不一樣，比較像是某種紅外線能量。但我毫不懷疑外面絕對非常熱。同樣是這次EVA，不過已經是太空站繞了地球幾圈之後的夜晚，我的手開始覺得冷。我的工程師們又一次正確預測了時間和地點。我注意到太陽正要升起，所以先暫時沒有打開手套加熱器。果不其然，太陽一升起我的手就暖了。這個小插曲說明了我們的太陽威力有多強大，以及黑暗的太空有多冰冷。

**我是個攝影狂**。他們告訴我，我是有史以來在單次任務中拍攝照片數量最多的太空人。有時連我的小孩都受不了，因為我只要看到一個好畫面就一定要停下來拍照。所以要是可以在太空漫步時拍照，那簡直就是美夢成真。後來我第一次出去太空漫步，就是不斷地工作，連停個一分鐘拍照的時間都沒有，忙著佈線的時候是分秒必爭的。之前有好幾位同事告訴我，他們太空漫步時唯一的遺憾是沒有多拍些照片，我現在終於明白為什麼了。

除了靜態照片之外，我還想把EVA的過程拍成影片。我很高興可以在EVA時拿一臺俄製GoPro相機出去，但時間壓力讓我幾乎連一個場景都拍不好。我的第一個機會是在第一次太空漫步剛開始時，布屈在收拾他的工作位置，我有一分鐘的自由時間。所以我抓起GoPro相機開始拍攝了整整一分鐘。或許不到一分鐘。感覺我才剛拿好相機，然後就得把它關掉收起來。第二次和第三次太空漫步時，我終於可以拍攝比較長的片段，但其實也只是打開相機，把它扣在太空衣的扣環上，讓它在我工作的時候自己拍。我非常喜歡東尼・邁爾斯在《美麗星球》中運用這些片段的方式。只是不管哪一次太空漫步，我都幾乎無法不受干擾地好好拍攝。

我不敢說我以前聽過上帝跟我說話的聲音。我從來沒聽過天堂之聲、荊棘烈火之聲，或是其他諸如此類的聲音。但當我從太空站的右舷望出去，享受最迷人的日出時，有一個短暫而美妙的片刻，我在心裡聽到了：「我存在」。就這樣，在EMU風扇的嗡嗡聲和我的呼吸聲之間，我聽

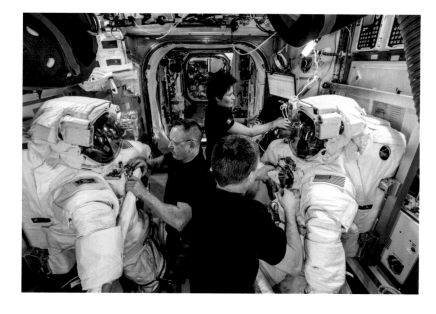

到了非常寧靜的一聲「我存在」。好像是在對我說：「沒事的，一切都會沒事的，交給我吧。」這個片刻我永遠不會忘記。後來回到地球之後遇到不順遂時，這次經驗總會幫助我用正確的角度看待生命。我可以在心中回到太空，知道就在這一刻，有某個地方正在享受那場最迷人的日出。而已經看過這幅景象幾十億遍的上帝（事實上正是祂用想像創造了這些景象），帶著全知的笑容，想著：一切都會沒事的，交給我吧。我很慶幸那一刻可以一直留在我心中，因為那一天在步調緊湊的太空漫步工作中，我必須從那個超現實及靈性的片刻中

莎曼珊在當IV時，也就是負責幫我們著裝、送我們出門的「艙內」太空人時，她的任務比任何到艙外活動的太空人都要繁重。IV犯了任何錯誤，太空人到了外面都可能喪命。

太空人總是喜歡炫耀他們的母校或是服役單位。這張照片要請你注意的是我的「袖口檢核表」上那個精美的空軍標誌。

這看起來像是太空自拍照，但其實不是。仔細看看護目鏡，你會看到攝影者的倒影。

Terry Virts
@AstroTerry

任務完成——太空漫步第三發，800條纜線、四座天線、三個雷射反射器、一支上好油的機器手臂。

轉推 2,289

喜歡 5,375

8:11 PM – 21 FEB 2015

**SSRMS**

這個大型機器手臂是加拿大對國際太空站最重要的貢獻，稱為「加拿大手臂二號」（Canadarm2）。

回過神來繼續工作，沒有冥想的時間。畢竟太空飛行中永遠有工作要完成。

**第二次太空漫步**，我的頭銜從「纜線工」變成「黑手」。把第一次太空漫步拉好的纜線佈置完成之後，我立刻轉往太空站的機器手臂。我的任務是用限腳器把自己固定住，準備好黃油槍，像畫家拿著調色盤一樣；同時我的組員莎曼珊‧克利斯托孚瑞提負責從太空站內遙控「太空站遠端操作系統」（SSRMS），這是太空站的大型機器手臂。這個機器手臂已經在艙外的真空中超過十年，有些零件開始變得黏膩。假如這個機器手臂無法運作，我們就無法抓住大部分的物資補給船，而要是收不到補給，我們麻煩就大了。所以這個任務很重要。

我檢查了一下要上油的地方。我看不見手臂內部深處的精細零件，因為在陰影裡面。我得把一根又長又不穩定的上油工具伸到手臂裡，小心不要碰到任何電子零件，以免沾上油，接著把這個工具放到一架特殊的螺旋千斤頂上，前後轉動把油上上去，完成後再退出手臂，小心不要碰到任何東西，很像在玩以前的一款桌遊《外科手術》。

而且我只能在很有限的時間內全部上油完畢。莎曼珊移動手臂，讓我在不同的位置上油，只要她某些時候多花了幾秒鐘，累積下來我就不可能在時限內完成所有的工作。我們得像汽車裝配線一樣行動。我打開工具包，在工具上沾好油，然後一一指示莎曼珊如何移動手臂：「往天頂10公分，順時針轉20度，好，停。」接著我一邊祈禱，一邊把工具伸進去，遮住光線，再幫需要上油的螺絲、閂扣或托架上油。

接著所有動作再從頭來一次。我沾好油，莎曼珊操縱手臂，我再繼續幫下一個位置上油。整個工作進行了三個小時，這中間我從來不需要等莎曼珊超過一秒鐘。我準備好時，她也把機器手臂準備好了。我們像時鐘一樣配合得天衣無縫，但也只剛剛好在預定時間內完成工作。假如莎莎操作手臂的技術沒這麼好，那手臂八成還在太空裡嘎滋作響！這麼緊湊的工作步調唯一的問題是，我又沒時間拍照了。所以你可以了解我把GoPro相機扣在太空衣上放著讓它自己拍，是多麼重要的決定。有很多精采的照片都是這樣拍到的，包括幾次的日出，還有漂浮的地球配上前景的機器手臂和歐洲哥倫布號艙，這些都是我在整個任務中最喜歡的照片。

我的黑手生涯也不是無時無刻都這麼認真。我記得有一次我在國際太空站上留下了印記——是真的印記。當時我已經把油從黃油槍裡擠到工具上，我把黃油槍放回去，再回過頭來，發現工具上的油不見了。我四處張望，想找出到底是誰在惡作劇，但組員沒有一個在笑，只看見幾秒鐘前原本有一團油的地方變成一個大凹坑。於是我再把黃油槍拿出來，再重複一次這個累人的過程，這

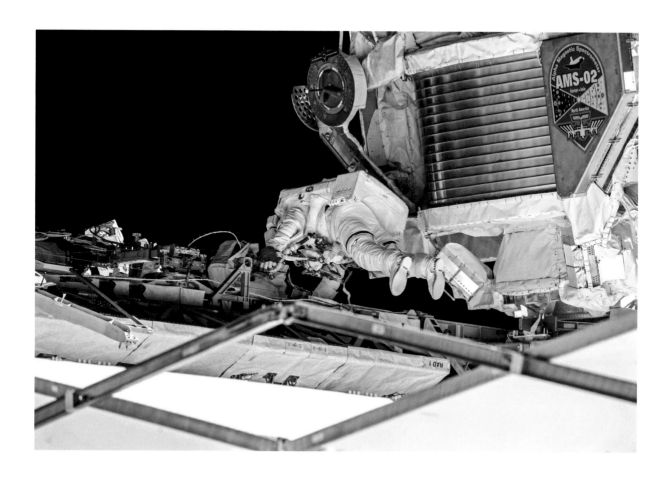

次一切順利。作業了幾回合之後，我伸長了手拿著工具，稍微有點晃；不管誰穿著一件笨重的加壓太空衣，都不可能文風不動地拿著一根1公尺長的衣架。果不其然，突然搖架抖了一下，然後就跑出一大團油。我好笑地看著那團高爾夫球大小的油優雅地漂過太空，朝著太空站的一個散熱器直飛而去。當然，我得向NASA回報這件事。我用嚴肅的戰鬥機飛行員口吻，承認我剛剛對散熱器甩了一團油。幾個月後我回到地球，一位同事把最近有人拍到太空站那個區域的一張放大照片給我看，果然散熱板的正中央黏了一坨黃油。

我們最後的工作是清理。把裝潤滑油的容器收拾好之後，我脫下限腳器，把它折起來放回原位。這種「關節式可攜限腳器」（ARFR）在俯仰、偏擺、滾轉三軸各有不同的關節，還有一根長扶手，可以抓著它把腳伸進去。每個關節都很難調到需要的位置，這又是一件會耗盡全身力氣的苦差事。太空漫步時大部分的工作都不需要特別出力，但我的三次EVA都有一些動作需要使盡全力，這就是其中之一。

第三次太空漫步時，我到了右舷桁架的尾端安裝天線和導航反射器。我正在我最喜歡的國際太空站實驗設備之一：AMS粒子偵測器的旁邊。這個實驗的目的是要了解宇宙的組成。

在飛行界，我們說任務在輪子停下來之前都不算結束。就太空漫步來說，則是在我們脫下太空衣之前都不算結束。我的第二次太空漫步準備結束時，我第一個回到氣閘艙，布屈緊跟在後，他先把腳伸進來，頭朝下。我們兩個加上所有的裝備一起擠在氣閘艙裡，只剩幾公分的移動空間。我靜靜地漂浮在氣閘艙中，這時我注意到我眼前的護目鏡上，有幾顆水滴正在成形。當時我頭朝下，因此有可能是我在流汗，汗水流下來集中在那裡。不過水慢慢愈積愈多。起初我沒打算說什麼。之前我這件太空衣曾在減壓時發生「濺水」的問題，因此有一點點水也不奇怪。不過幾年前，太空人盧卡·帕米塔諾（Luca Parmitano）的頭盔就曾經發生嚴重漏水，水多到他差點溺死。我知道只要一提到頭盔裡有水，任務控制中心就會開始緊張，我不想讓大家為了這件事忙得團團轉。

然而，幾秒鐘過去，幾分鐘過去，水滴成了小水池，接著成了大水窪，最後完全蓋住了我的護目鏡。更糟的是，我頭盔頂部的吸收墊也變得又溼又軟。

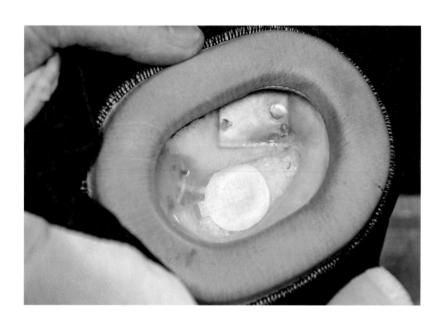

在我們第二次太空漫步後，我通訊頭盔的耳麥因為太空衣漏水而溼掉了。

我不可能流這麼多汗。事實上我根本沒有在流汗。我們胸前緊貼著一條呼吸管，開口就在下巴底下，若是發生嚴重的漏水，水淹過我們的口鼻時，我們可以用這條管子吸一點空氣。我一注意到水膜愈來愈高，馬上檢查呼吸管，確定它還在那裡，也搆得到。以防萬一。

這時候水已經太多了，於是我呼叫休士頓，用非常平靜、不帶情緒的語氣說：「休士頓，我知道這件太空衣本來就會這樣，現在也還不構成問題，只是現在我的頭盔裡有水。」地面小組也很冷靜，沒有建議我做任何可能置我於險境的「太空衣緊急移除」程序。我們繼續用最快、最有效率的方式進行正常程序。我當時並不知道媒體已經開始大作文章——這正是我想避免的。我當時讀國中的女兒正從學校回家，路上在收音機聽到美國太空人泰瑞·維爾茲在太空漫步時頭盔進水，有溺斃的危險。這根本是反應過度，但也說明了太空人及外派軍人的家屬經常要面對的壓力。他們真的不知道他們親愛的家人什麼時候會有生命危險。

我順利從氣閘艙回到太空站，一進到站內，休士頓看到太空衣裡積了這麼

幾秒鐘過去，幾分鐘過去，水滴成了小水池，接著成了大水窪，最後完全蓋住了我的護目鏡。

多水，非常震驚。水積得不深，但覆蓋了整個頭盔護目鏡。安東從俄羅斯艙段下來幫我們脫太空衣，拿了一支針筒來測量到底有多少水，同一時間莎曼珊很快就幫我把太空衣脫下來。我們的地面小組研究出這次的情形與之前這件太空衣的漏水問題有關，基本上是因為殘留的冷凝水在我進到氣閘艙時因晃動而流出來。測量水量後證實，不是更嚴重的水系統溢漏。若真的是系統漏水，我們大概會有幾星期、甚至幾個月無法進行EVA，也就沒有第三次太空漫步了。這是在狀況不明時快速思考的例證，我很感謝莎曼珊與安東讓我們平安進到太空站、脫掉太空衣。穿著太空衣九個小時之後，我迫不及待地想要梳洗一番、吃晚餐，然後開始準備第三次、也是最後一次的太空漫步。

**說太空站外部的中央區域「擁擠」**，就像說孟買或德里住了「不少人」。太空人暱稱這裡是「老鼠窩」，確實其來有自。太空站最早升空的部分就在這裡：俄羅斯的FGB和美國的第一節點艙。此外老鼠窩還包含Z1艙（上面有個巨大的旋轉陀螺儀，幫助太空站定向）、美國實驗艙（太空站最大的艙之一）、氣閘艙（我的太空漫步就是從這裡開始的），以及第三節點艙（我有幸在2010年安裝的生活艙）。除了這一大堆的艙之外還有桁架，這個100公尺長的巨大結構延伸到太空站的左右兩邊，支撐無數個冷卻散熱器，以及用來產生電力的巨大太陽能板。

在我們第三次、也是最後一次的EVA剛開始，我把一個巨大的天線拖到桁架遠處的接口區，這裡可以安置雷射反射器和無線電設備，以供未來的美國載人太空艙使用。這支天線和人一樣高，我好像是拖著一個繫在我太空衣上的夥伴前往站外的工作地點。我得在擠滿纜線、軟管和各種東西的老鼠窩之中「移動」（translate）。這裡東西真的很多。我必須一路摸索著爬過去，沿途天線會不斷撞到東西、勾到纜線。我只能希望我可以成功到達另一頭，自己不要被纏住。

工作地點大約離太空站30公尺。這支天線的設計非常良好，一裝上去馬上就到定位。但接著我還要滑到它的尾端，安裝反射器和纜線。完成後，我收好工具，準備回頭勇闖老鼠窩，這時我感覺到是個拍照的好機會。

我拿出GoPro扣在我右臀的扣環上，按下錄影鍵，讓它開始拍攝。下方的

**陀螺儀**

美國艙段使用陀螺儀（全稱是控制力矩陀螺儀，C-MGs）來控制高度。許多衛星使用這類根據角動量的系統。國際太空站的CMGs非常重，旋轉速度非常快，因此角動量很大。當電動引擎對陀螺儀施加扭矩時，陀螺儀的角動量會使整個50萬公斤重的太空站開始旋轉，讓它指向需要的方向。

**移動（TRANSLATE）**

在NASA術語中，translate基本上就是「移動」的意思，前後、左右、上下，有特定方向的移動。

地球在晨曦之中正閃耀著各種藍色，日出也非常壯麗。在我這次的整個太空漫步過程中，地平線經過了一連串的顏色變化：藍、橘、紅、粉紅，直到最後太陽爬上地平線，煥發出刺眼的光芒。在那短短幾分鐘裡，我的第三次太空漫步進行到一半時，我終於有機會偷看宇宙幾眼，感覺就像我正在看著人類不該看的東西。時間彷彿靜止了。

這種突然充塞胸臆的感覺，也突然就消退了，我一回神就又回到了現實世界。我正在外面、在太空中，做一些很危險的事，而且時間緊迫，得趕緊回到太空站的中央，穿過老鼠窩的重重障礙（少了那根大天線確實是輕鬆了不少），展開下一個工作。

我們仍然得為剛剛安裝好的天線拉纜線，這些纜線是繞在一個經過特殊設計的捲盤上。把纜線從線捲盤拉下來，本身就是個浩大的工程。纜線非常粗，笨重又僵硬。我往站外方向移動，放出纜線，每放出一段距離就用纜線束固定，再繼續放纜線，偶爾得用力晃一晃捲盤。這個技巧一開始還有用，速度慢但穩定，但最後卻再也拉不出纜線。我又推又拉，連哄帶騙，但纜線還是卡住了。我深呼吸一口氣，暫停一下，想著該怎麼和任務中心報告。這感覺不是很好，我得呼叫地面，承認自己無法完成這件工作，而且可能會讓我們新太空艙的無線電系統無法使用。就在我準備呼叫時，我決定用我最大的力氣再晃它一次，竟然成功了！纜線鬆開了，我總算可以一直鋪下去。有好幾分鐘我還以為它卡死了。

幾個小時後，我們把這些纜線接上位於老鼠窩邊緣的美國實驗艙。這裡幾個艙的交接處用微隕石與軌道碎片防護層（MMOD）覆蓋，這塊板子被兩根巨大的支柱阻隔，幾乎完全被擋住。就算沒有這件150公斤重的巨大太空衣和頭盔來阻礙我的動作，我都很難移開這個防護層。我得從兩根支柱中間擠過去，用力把手伸到最長，把一個T形工具插進螺栓裡，才能鬆開這層板子。我好不容易把螺栓鬆開，移開板子，接上了纜線。接下來就是把板子裝回去，我心想這根本是不可能的事。幸好地面小組告訴我們，安裝板子時只需要用到三根螺栓中的兩根即可。要是第三根螺栓也要鎖緊，我現在大概還在外太空裡，擠在那兩根支柱中間。

離那塊板子幾公尺的地方，是實驗艙上一個平坦、阻礙比較少的區域，我們暱稱為「天下第一包」（Bag of All Bags, BOAB）的東西就放在這裡。裡面有四個較小的天線捲盤、一堆拴繩，以及這次太空漫步中會用到的其他器材。要把太空漫步時需要帶出去的器材匯集成一包，得花上很大的工夫，其中最難準備的就屬這一包。我們花了至少七個鐘頭才把這包東西打包好，以取用起來最方便的方式擺放，以發揮最大的工作效率。

太空漫步之後進入氣閘艙。這張照片是從國際太空站裡面拍攝的，我當時正處於真空中，正準備操作控制臺把氣閘艙加壓。還有另外一位太空人和他的裝備等著進來和我擠在一起。

微隕石與軌道碎片防護層（MMOD）

這些覆蓋大部分美國艙段的薄鋁板設置在太空站主體結構上方大約20公分處，用來使碎片撞擊太空站的效應減到最低。

為什麼要這麼麻煩？因為太空漫步時，沒有人會想要浪費時間找東西。這七個小時花得非常值得。BOAB讓我們拿東西、放東西都非常有效率。在這次太空漫步的最後，是我負責把它用原來的方式包好。我得把一個我帶出去工作的小袋子放回BOAB，然後清點每一樣東西。這是我們一個星期之內第三次、也是最後一次的EVA。布屈已經在氣閘艙裡，安全繩也拿掉了，等著我收尾。就在我們已經快要完工時，任務控制中心有別的想法。

　　我們已經平安且成功地完成任務，剩下唯一要做的就是進到氣閘艙，關上艙口。我們比預定時間提早了一個小時。在這次太空漫步之前，飛行主任和我做過簡報，說明我們不需要做任何「預先處理」的工作。預先處理事項和待辦清單類似，雖然沒有排在計畫裡，但要是計畫中的工作做完了，就可以做那些事。不過因為這是我們在八天內的第三次EVA，所以大家都同意我們表定工作做完就可以宣告任務成功，回到太空站裡去。因此當任務控制中心問我能不能進行預先處理事項，把氣閘艙上面的一個袋子拿回太空站時，我覺得非常意外。不過這也還好，我當時狀況不錯，也還對這最後一次的太空漫步有點意猶未盡。而且我想既然任務控制中心希望我現在就做這件事，表示一定還滿重要的。飛行的首要原則是，簡報上沒提到的動作都不要做，但這件事似乎很簡單。

　　這個袋子離氣閘艙艙口很近，但那個地方我們非常少去，而且得走一條沒走過的路線。當時地平線上出現了美麗的日出，是我最後一次在外面看這個美景了。移動了幾分鐘之後，我找到了袋子，準備做一個應該只要30秒的動作：解開扣環，把它扣到我太空衣的腰上。但沒想到這個袋子的四個角都被纜線束緊緊固定住，得花上10到15分鐘才能取回。雖然事情最後還是很順利，但我進到太空站時比我原先預期的還要疲憊。這也是個好例子，說明管理階層中途介入動態作業時，有時不是那麼妥當。

**一次正常的太空漫步**，我們可能需要完成500個動作，簡單的工作比如像從A點移動到B點，為裝備繫上拴繩，打開頭盔上的燈。但其中只有一個動作是強制性的：在EVA結束時關閉外側艙門。原因很簡單：假如不能把艙口關上，就必死無疑。其他的499個動作基本上都是預先處理事項。

　　太空衣就只能提供那幾個鐘頭的供氧、冷卻、移除二氧化碳功能，而且一定要關閉艙口，你才能進入太空站。在我的三次太空漫步時，有兩次艙口都很容易打開，但有一次十分費力。第三次太空漫步時，艙門就是關不上。我試過努力把它往下拉，再沿著它彆扭的轉動方向轉動，也試過用力把艙門推進密封條，還試過把艙門壓住再轉動艙門桿。最後我是把門關上了，但這也是一個例

子，説明太空漫步最後最好不要臨時加入額外工作，因為我們必須保留體力來應付預料之外的緊急狀況。

　　一個星期內成功完成了三次非常具有挑戰性、各不相同的太空漫步之後，該是擊掌慶祝的時候了。我們知道我們很有效率、也很有成效地完成了一些高難度工作。我很高興知道SSRMS正在順利運轉。地面工程師幾乎馬上就開始對它進行全面測試，已經可以看出它的關節轉動得順暢多了。但我也很清楚太空漫步的成功，有95%要歸功於地面小組，也就是訓練我們、幫我們寫下工作流程的人，以及在任務控制中心一步一步指揮我們工作，對我們的問題立即想出解決辦法的人。他們才是真正的英雄。

　　我也很感激沒有發生重大意外。這也是我們計畫中最後的EVA，所以我們可以暫時卸下肩頭的一大重擔。這六週過得實在太精采了：氨氣外洩、迎接和送走補給船，以及太空漫步。行程表上的下一件事：42號遠征的其中三位組員要在十天後返回地球，我們剩下的人則進入43號遠征，準備在幾個星期後歡迎三位新組員到國際太空站。太空站的生活繼續進入下一個循環。　■

每次太空漫步之後，我們都會仔細檢查手套。這個灰色的塗層稱為RTV，有些微脫落是意料中事。底下的白色物質是液晶纖維Vectran，這才是關鍵的部分，就算只有一點破裂，都會讓手套無法用於下一次的EVA。

我最後一次太空漫步的最終時刻。我指尖抓著氣閘艙艙口，正在欣賞我整個任務期間記憶最深刻的景象之一。

接上國際太空站的聯盟號載具。這些電話亭大小的太空船之後會把太空站上的人員和物資送回地球。

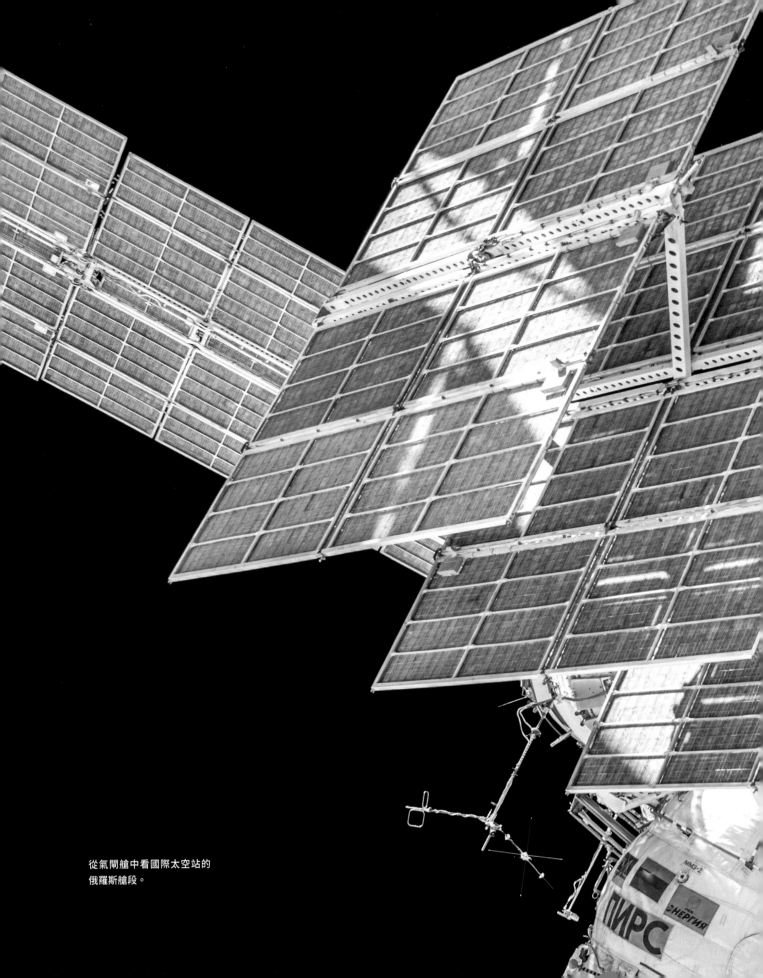

從氣閘艙中看國際太空站的
俄羅斯艙段。

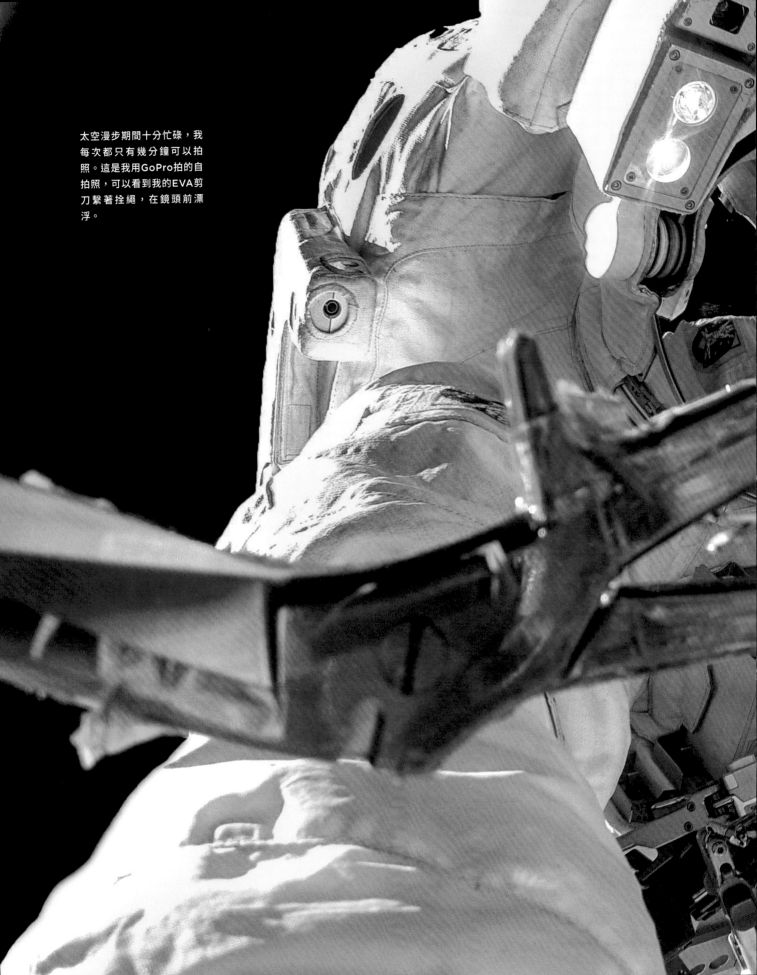

太空漫步期間十分忙碌，我每次都只有幾分鐘可以拍照。這是我用GoPro拍的自拍照，可以看到我的EVA剪刀繫著拴繩，在鏡頭前漂浮。

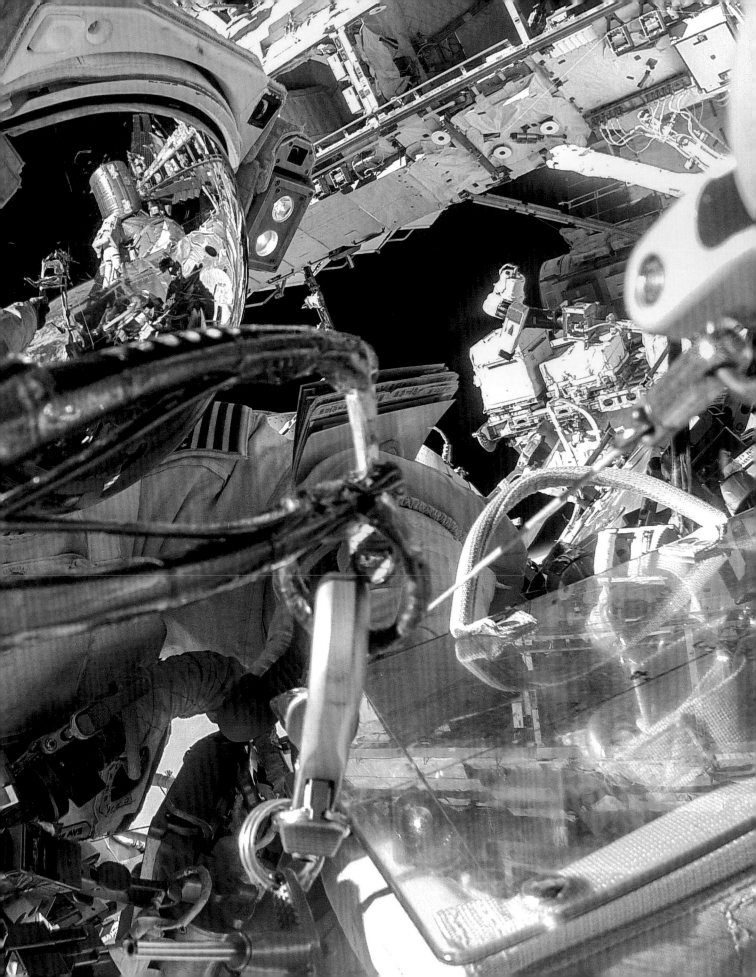

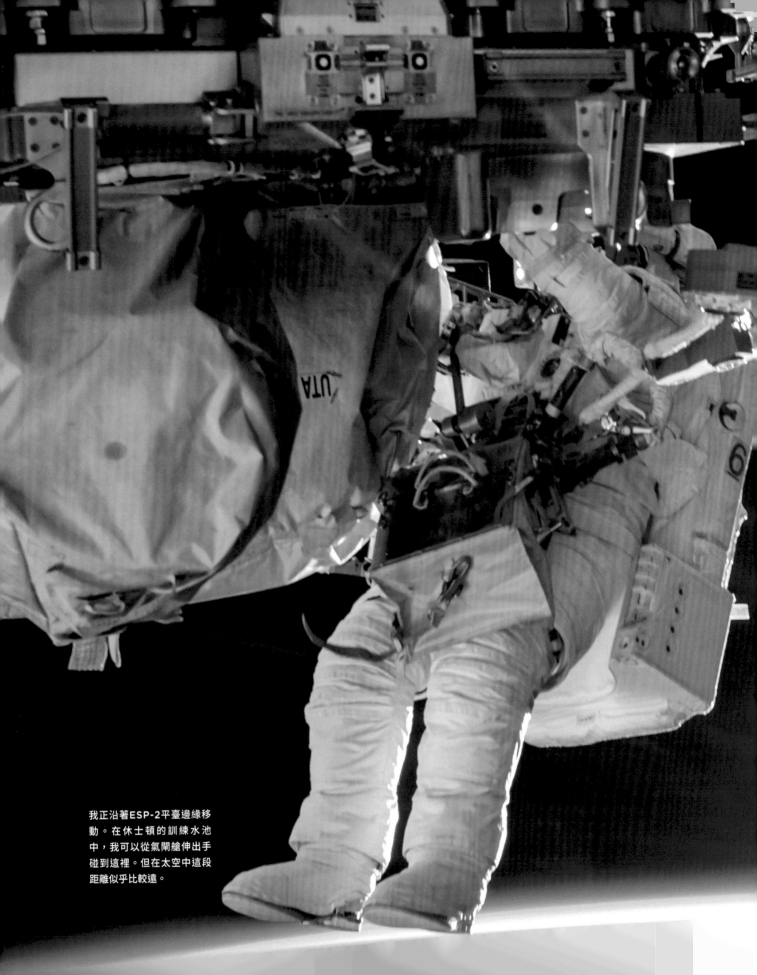

我正沿著ESP-2平臺邊緣移
動。在休士頓的訓練水池
中，我可以從氣閘艙伸出手
碰到這裡。但在太空中這段
距離似乎比較遠。

# 人類世界

## 第八章　我們如何改變這個星球

## 人類世界

**太空中看我們的星球**，可以看見我們在宇宙中的位置。在太空中漫步，在無重力狀態下生活和工作。這些事使我對生命、以及我們在宇宙中的位置有了不同的看法。我花了好一段時才領悟這個新觀點。起初，太空飛行中不斷出現的奇景擄獲了我所有的注意力，但在軌道上往下凝視地球的時間愈久，我愈能認出我知道的地方，更重要的是，我也愈發注意到人類存在的證據。關於人類在這個世界的位置，以及我們對這個世界造成的衝擊，從太空中能學到的心得太多了。

「你從太空可以看到人造的東西嗎？」這是太空人最常被問的問題之一，其他問題還包括「真的有外星人嗎？」和「你在太空中要怎麼上廁所？」我想，要是有外星來的太空旅行者在白天時經過地球，大概會覺得這是個美麗的地方，但可能根本不會注意到地球上有人居住。外星人得停下來仔細看，才能看到地球上的大城市：倫敦、上海、布宜諾斯艾利斯。這些水泥叢林在萬里無雲時看得到，但除非這個太空旅行者知道要看哪裡，否則就算是巨型城市都不會很顯眼。

他也會看到飛機的凝結尾，特別是在美國東岸及歐洲上空。甚至偶爾會看到船隻：在特別擁擠的港口，排隊等待入港的船看起來就像是一連串的小點，在特定的陽光角度下，也可以看到海上忙碌航道的波浪軌跡。總而言之，白天不太太容易看到人類活動的顯著跡象。這位可憐的外星人很有可能就這樣略過

前頁：雙城記：倫敦與巴黎，以及英國和法國其他區域的燈火。
左頁：太空人史考特‧凱利拍攝的特克斯（Turks）群島與開科斯（Caicos）群島，可以很明顯看到普羅維登西亞萊斯國際機場的跑道。

地球，渾然不知我們就在下面。

　　不過那是白天，晚上又是另外一回事了。這時外星人絕對會看到地球上有非常忙碌的活動在發生，因為城市的燈光。看見城市燈光是太空飛行最驚人的享受之一。我很意外地發現，城市燈光在晚上會有不同的顏色。水銀燈、鈉燈、螢光燈、白熾燈，每個城市和國家用的燈都不一樣，這些細微的顏色差異在400公里高處都很明顯。

義大利是在夜晚最容易辨認的國家之一；照片上半部可以看到明顯的靴子輪廓。

　　最大的城市在它的範圍內會有不一樣的顏色。最常見的是黃色，偶爾夾雜白色、藍色甚至紅色。巴黎有一個工業區非常與眾不同。石油焰與天然氣焰的紅光也很明顯，在西非和奈及利亞都可以看到一連串這樣的紅點。阿拉伯半島與德州西部也可以看到類似的火焰——即使從太空中看，都看得出我們對自己最常用的能源——化石燃料——有多麼依賴。

　　**開始熟悉世界各地的**夜晚燈光型態之後，我開始明白當我看著城市燈光時，我實際上看到的是什麼。就某種程度來說，這些燈光標示出人口。上海、首爾、紐約、倫敦、巴黎都是非常明亮的城市，很明顯也是很稠密的人口中心。但在人口之外，我還看到了財富。

　　在尼羅河谷以南、約翰尼斯堡以北這8000公里的範圍，住了超過10億人，但幾乎沒有燈光。夜晚時分的非洲大陸，除非有雷暴，否則幾乎都是暗的，只能看見零星幾個小城市，或是零星的油田火光。這是很令人震驚的。這塊遼闊土地上的人口是歐洲的兩倍，但幾乎完全生活在黑暗中。就根本上來說，這代表的意義遠遠不只是晚上沒有燈而已，更代表缺乏通訊設備、食物冷藏設備、能抵擋蚊蟲的空調設備，以及全球經濟的參與程度。代表這裡的生活品質遠遠落後於全世界大部分地方。

　　另一個有趣的相反現象，是有些城市燈光明亮的程度遠超過實際人口的需要。阿拉伯半島就是這樣一個地方，麥加、利雅德、吉達都是非常明亮的城市，但人口卻不是那麼多。西歐和美國東岸這兩個地方，夜裡也是一片燈火通

明。這些區域的「人均燈光」很多,在太空中很明顯可以看到這種財富的象徵。在我看來,這世界應該要有更多地方能夠取得所需的能源——當然必須是乾淨的能源——來改善生活品質。

太空人彼此常常談到,在太空中是看不見國界的。我也覺得大致上是這樣。我不記得我在白天有看過任何一條國界。不過到了晚上,有些國家變得特別美麗。義大利是夜晚的女王,那隻「靴子」絕對一眼就認得出來,而且非常容易找出你最喜歡的義大利麵或葡萄酒是來自哪個城市或地區。晚上在太空中也很容易看到其他人為的疆界,比如大部分的城市邊界。美國的所有主要城市,以及串連起這些城市的州際公路,也都很容易看見。在晚上飛到南美洲上空,用里約、聖保羅或布宜諾艾利斯,你就會馬上知道自己的方位。熟悉現代中國的人,在晚上也可以很快認出所有主要的人口集中地,這在白天幾乎是不可能的。

在晚上的亞洲上空,我是利用漁船的型態甚至燈光顏色來辨認方位。不同國家的漁船類型也不一樣,我發現學會分辨、認出它的型態,是很重要的導航技巧。我在韓國東岸看到許多烏賊船形成的白點,想起當年駕駛F-16飛離韓國烏山空軍基地時也看過這些白點。幾個別的亞洲國家也有顯著的漁船隊伍,多數用白燈,但隊形不一樣。不過暹羅灣有很多漁船用的是綠燈——這是太空中另一個出乎意料的發現。所以每當我在夜晚飛過東南亞上空時,這些漁船馬上就會讓我知道身在何方!

說到在太空中看到的國界,有兩個特別明顯的例子。印度和巴基斯坦的國界看得出是一條細細的棕線。我第一次看到的時候以為那大概是一條河,上面有會發光的藻類還是什麼奇怪的東西,所以看起來不像一般的河流。幾個月後我才明白這是什麼:這是兩國自1947年以後的軍事邊界,在晚上被15萬盞泛光燈點亮。

但這還是比不過地球上最明顯的國界:南北韓邊界。我從太空看到的景象中,就屬這條邊界最能說明人類的處境和國際政治現況。第一次看到時我簡直不敢相信自己的眼睛,我得往西看看中國、往東瞧瞧日本,才能證實我想的沒錯。南韓首爾是地球夜晚最明亮、最活潑的城市之一,非常明確地顯示這個國家經濟正在蓬勃發展。而緊鄰著它北邊的是一條長長的白線——南北韓的非軍事區(DMZ),在夜晚同樣被泛光燈點亮。DMZ的北邊是一片黑暗汪洋,只在中央出現一個小亮點,北韓的首都平壤。這片區域黑到讓我一開始以為是海。後來才發現不是。這條白線兩邊住了差不多的人口,一邊在黑暗中,一邊在光明中,無論就物質還是精神層面而言都是如此。

**F-16戰鬥機**

這種美國空軍戰鬥機又稱戰隼(Fighting Falcon),駕駛員會叫它「毒蛇」。這是我第一次出任務時駕駛的飛機,也是我最喜歡的。更現代的機種如F-22或F-35或許有更好的感測器或匿蹤能力,但根據個人淺見,F-16是史上最佳的「飛行員飛機」。

太空計畫最重要的成就之一，是讓我們用更宏觀的觀點看待自己和我們的星球，激勵我們不但需要全球性思考，更需要宇宙性思考。阿波羅八號的組員在1968年耶誕節繞行月球時，這是人類第一次從太空中另一個天體的角度看見自己的母星。

　　從那個歷史性的時刻之後，我們對自己的看法徹底改觀，就像孩子長大成熟了，知道這個世界不是只有他隔壁的鄰居、城市或國家而已。我的組員莎曼珊說得好：「人類應該把地球看成一艘正在宇宙中航行的太空船，不能把自己當作乘客，而是這艘船的組員。」

　　我從太空站看到的景象只是時間洪流中的一個片段。我只能看到我在太空中那段時間的世界，也就是2014和2015年。地球環境的重大問題必須經過長時間觀察，因此我看到的景象和觀點，絕對無法為我們當前面臨的環境問題提供概括性的解答。但我認為仍然能提供有用的脈絡。有人問我是否注意到我們的環境問題時，我沒有明確的答案。首先，地球是個非常美麗的星球，充滿了令人讚嘆的地方。

　　但這個星球不是沒有問題，有一些非常明顯的傷害確實是人類造成的。哈薩克和烏茲別克之間的鹹海曾經是世界第四大湖，我在飛越這個區域好幾次之後，才確知我看到的是它的殘餘部分，因為這個湖幾乎已經不存在了！蘇聯在1960年開始了一連串的灌溉工程，取用鹹海的水，今天幾乎已經沒有水。不過現在政府已經有計畫要復原部分的鹹海。

　　馬達加斯加是地球上生物多樣性最高的地方之一，我從來沒去過，將來有機會的話我很想去。但從太空中可以看到這塊土地發生了壞事。島的西半部看起來，大多數植被已經消失，而且我用肉眼就能看見一條橘紅色的淤泥流進海裡，特別是貝奇波加河三角洲（Betsiboka River Delta）。這是森林遭到大量砍伐的證據，雖然大部分發生在50年前，但後續影響仍清晰可見。當事情已經大到可以從太空中看到時，絕對不是什麼好事。亞馬遜的森林除伐情況在太空中看起來也很明顯。巴西的這塊區域非常特別，深綠色的叢林綿延不絕數千公里，但我可以看見其中幾個區域，有從叢林中燒墾出來的長直線田野。看到這片地球上最驚人的雨林被這樣破壞，我發自內心感到難過。我當然了解大家都需要吃飯，也完全支持為了生存所做的努力，但除了這些珍貴的雨林之外，一定還有其他肥沃的土地可以進行更好的農耕利用。

　　很多人問我在太空中能不能看到這個或那個人造物，其中第一個問到的總是中國長城。第一次飛行之前，一位有智慧、觀察入微、經驗豐富的太空人告訴我，答案是否定的。不是因為長城太小，而是因為它所在的國家污染太嚴重。那已經是十年前的事，而今中國的污染又更嚴重了。在太空中待了超過200

**Terry Virts**
@AstroTerry

南韓的明亮和北韓的黑暗形成對比，右邊的亮點是漁船。

轉推 519
喜歡 593
9:06 AM – 21 Dec 2014

南韓（下方）是地球上燈光最亮的國家之一。圖中可以看見細細的DMZ線，這條線以北（上方）就是北韓，這片黑色汪洋中唯一的亮點就是北韓首都平壤。

棉花球般的雲朵漂浮在巴西
中部的農田上。

在夜間大放光明的紐約市與長島，左邊是費城、巴爾的摩和華盛頓特區。地球上城市燈光集中的區域代表的不只是人口，更是財富。非洲大陸雖然也有人口集中的區域，但到了晚上整塊大陸絕大部分都籠罩在黑暗中。

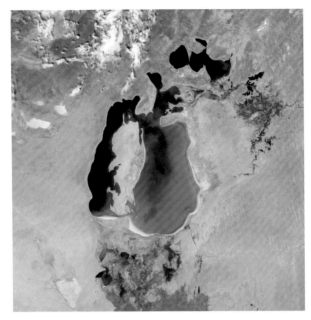

這幾張照片可以看出位於哈薩克與烏茲別克之間的鹹海在幾十年間的變化。鹹海曾是全世界第四大湖，但蘇聯在1960年開始汲取湖水作為灌溉之用，留下了人類對地球衝擊的明證。

天之後，我可以證實大部分的時候幾乎看不到中國東部，只能看到霧濛濛的一片。

我們在《美麗星球》片中的主要拍攝目標之一，是中國新完工的三峽大壩。這是全世界最大的水力發電工程，眾多居民因此被迫遷移，從太空的角度來看一定很有意思，但我始終拍不到它。這個水壩，以及其他許多中國的代表性建築，甚至北京城，總是被空氣污染遮蔽。我聽說在我離開太空站之後，我的組員之一史考特‧凱利終於在白天拍到了一張北京的照片。全體組員都有點意外，他們後來才知道中國當時正在慶祝節日，幾天前就停止了大多數機動車輛和發電廠的運轉，所以霧霾暫時不見了，史考特才有機會拍下那張照片。地球上每個地方都有碳氫化合物污染，特別是美國、印度和西歐，但中國的霧霾對我來說是一個殘酷的警訊，說明我們必須找到更好的發電與交通方式。

我一直覺得自己很樂觀，但同時我又有太過實際的毛病。假如有人問我：「這個杯子是半滿還是半空？」我通常會說：「半滿，只是還須要加水。」假如有人問我：「這是玫瑰叢還是荊棘叢？」我會說：「這是玫瑰叢，但是你要小心別被刺到！」我也是這樣看我們的地球，以及人類在地球上的角色。地球確實是美麗的星球，充滿了繽紛的色彩、海洋、天氣型態與壯觀的地形。如果我沒來過這裡，我會很想來！但我看到的一些景象確實不像那些壯麗的奇景那

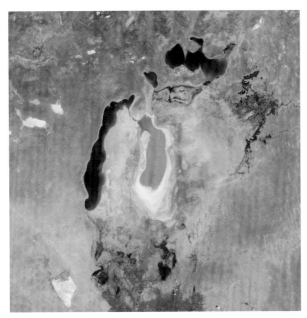 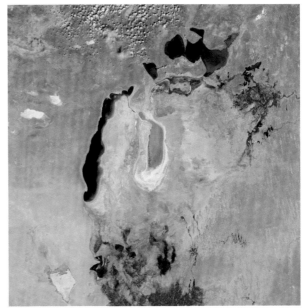

麼令人雀躍。軍事邊界是戰爭的明證；夜晚的城市燈光是數十億地球人的財富（或是缺乏財富）的明證；霧霾是化石燃料污染的明證；森林砍伐是農業政策嚴重短視近利的明證——在這個星球上，我們可以從非常肥沃、永續性的地區生產可以供給好幾倍於目前人口的食物，因此實在沒有理由來傷害我們的雨林。不過儘管有這麼多問題，我仍然很樂觀。

我的家鄉在乞沙比克灣，這個水域在1970年代曾經受到嚴重污染，而現在它是個生機盎然的生態系，因為我們在幾十年前痛下決心，成功地完成了整治。我們現在面對的這些問題也是如此。我在太空站200天，每天都看到一個美麗的星球，充滿讓人驚豔的地方。地球是個可以供給我們食物、飲水、空氣，以及一切所需物資的完美設計，而周圍只有一片浩瀚、冰冷、黑暗的宇宙。我希望人類將來會開始一步步往這個宇宙移動，但到目前為止，地球仍是我們唯一擁有的地方，我們應該好好守護它。我真心相信一切都會沒事。但要是我們的守護工作做得的更好，我們會更沒事。現在玻璃杯是半滿的，但很快就需要重新加水了。 ■

杜拜以及人造的棕櫚島伸入
阿拉伯聯合大公國的波斯
灣。在我看來，這是在太空
中可以見到的人類衝擊中最
富藝術性的。

沙烏地阿拉伯丹曼的燈光。
非洲人口眾多，卻被黑暗籠
罩，但人口稀疏的阿拉伯半
島卻有幾座地球上最明亮的
城市。

佛羅里達州的波卡拉頓
（Boca Raton），沿岸水路
與美國主要的南北幹道95號
州際公路蜿蜒在大西洋岸
邊。

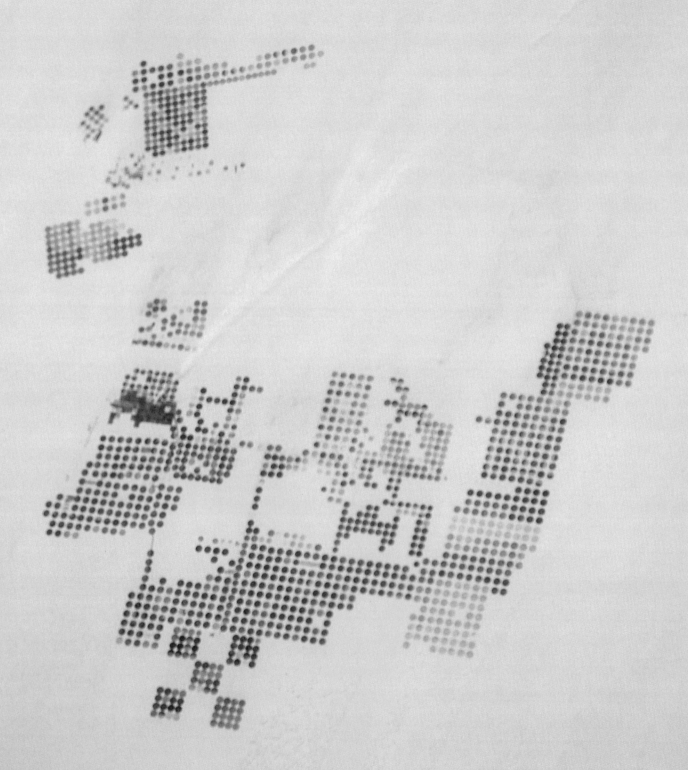

左頁：利比亞大部分都在撒哈拉沙漠上，透過灌溉工程把水和生命帶進沙漠。

上圖：紅色淤泥流進馬達加斯加海岸外的水域，這是森林濫伐的結果。

從前有太空人說，看起來像是這個島國正在淌血至死。

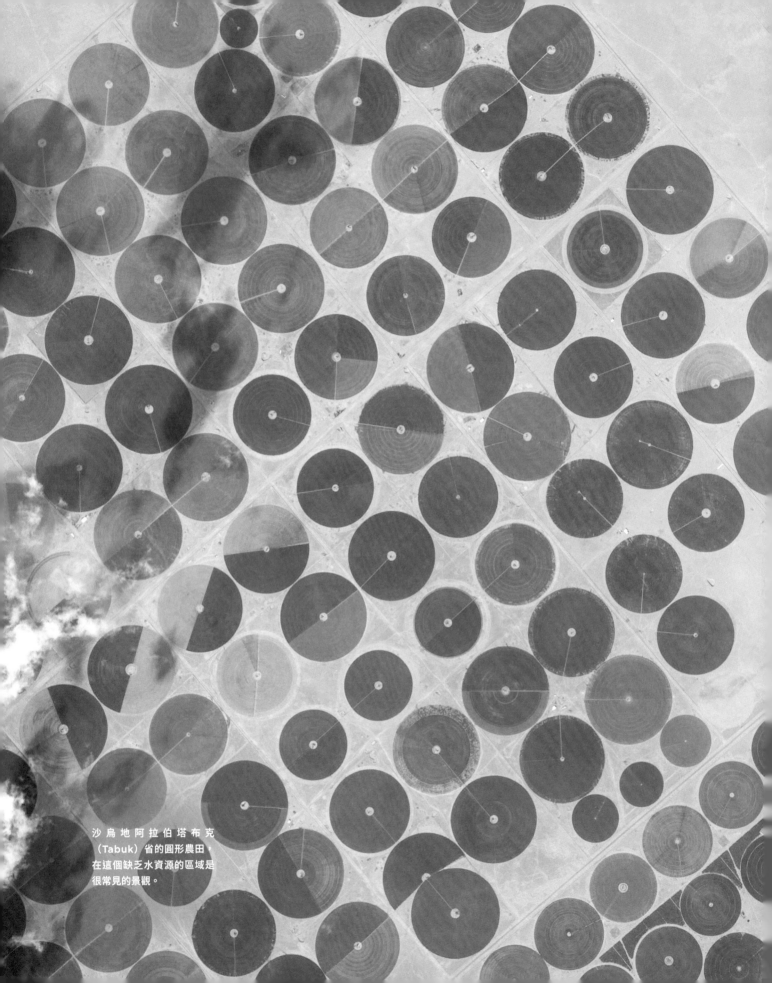

沙烏地阿拉伯塔布克
（Tabuk）省的圓形農田，
在這個缺乏水資源的區域是
很常見的景觀。

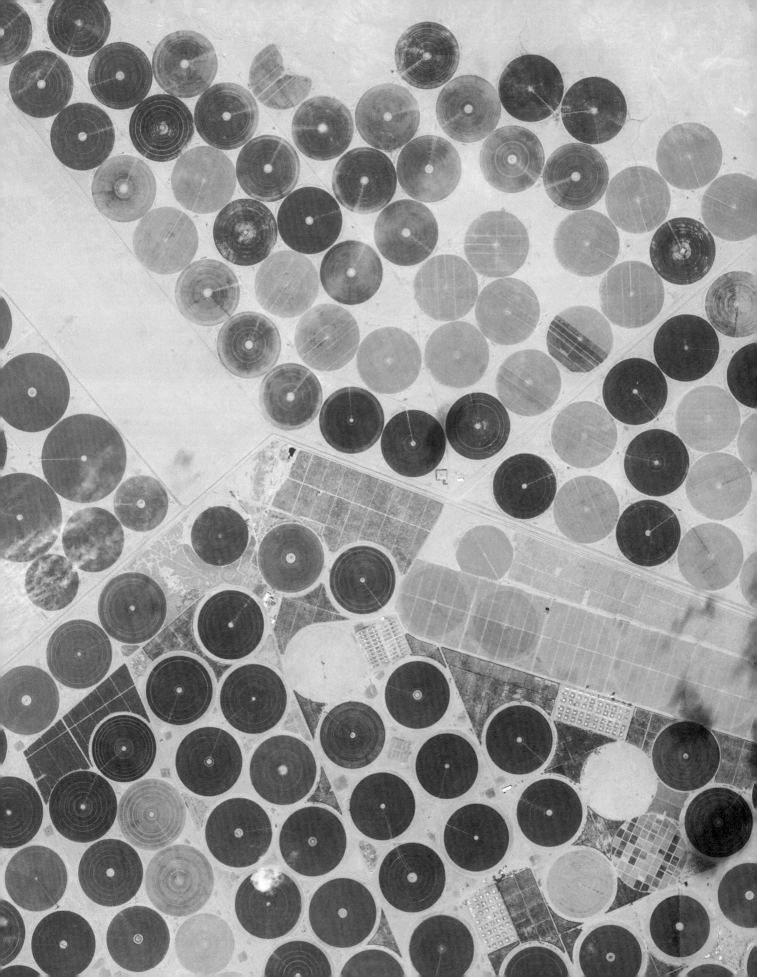

重返地球

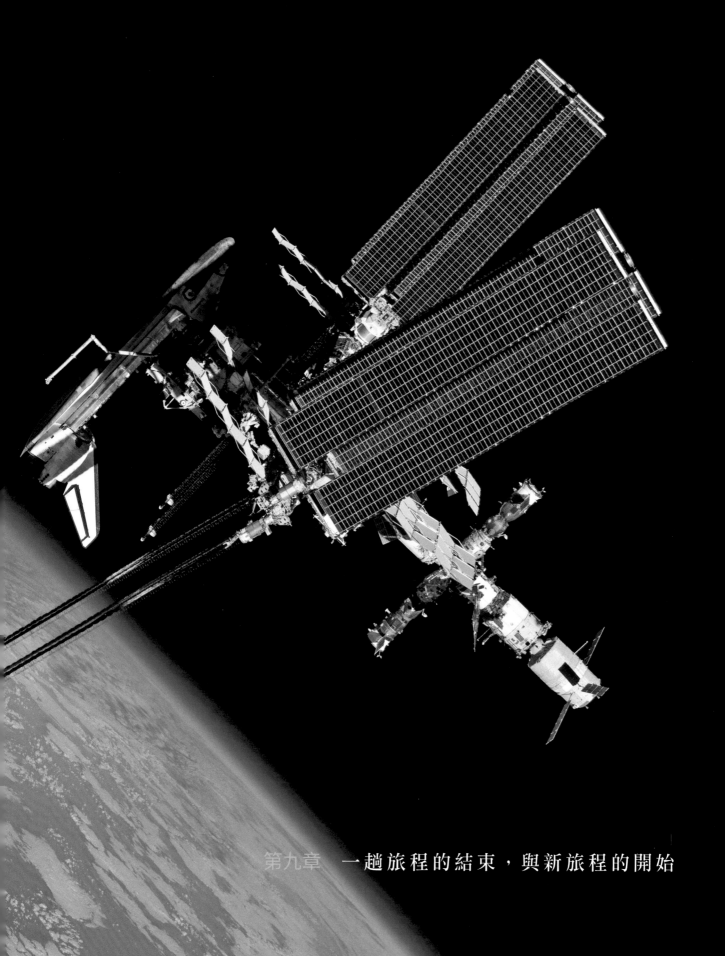

第九章　一趟旅程的結束，與新旅程的開始

**隨**著任務的最後幾週逐漸逼近，地球在我看來卻比以前遙遠。我可以從窗戶看見它，從我們大多數的觀察站望出去，地球總是占據了大片視野。但我已經忘了在那裡生活的感覺了。當我聽著上傳給我們的雷暴聲、鳥鳴聲等地球的聲音，我才意識到我對地球上許多事物的記憶已經模糊。剛割完草的草坪氣味，雨後空氣的氣味。割草機的聲音或是餐廳人潮的對話聲。蚊蟲在身邊飛舞、停在身上的感覺。這些日常瑣事現在好像只剩下回憶，我不知道再體驗到這些事會是什麼感受。我想，回到我們的星球大概會是很奇怪的體驗，地球的景象、聲響和氣味可能會讓我的感官無法負荷，我不知道該怎麼重新適應。我從來沒有離開過地球這麼久。我就要從太空人變回地球人了。

**重返地球之前有很多事要做**，忙得我昏天暗地。預定回去的那一天，莎曼珊、安東和我和我們的組員道別，從聯盟號裡面關上艙口，穿上太空衣，扣上太空艙的安全帶，踏上人生難得一回的旅程，在一團火球中重新進入地球大氣層，用降落傘在哈薩克的乾草原上著陸。這些都必須按時執行，因為我們沒有任何退路。一旦聯盟號的艙門關上，我就永遠不會再回到國際太空站。所以莎曼珊、安東和我幾個星期前就開始打包、準備、詳讀檢核表。難上加難的是，我們要到幾天前才會知道確切的回程日期，在那之前只能從小道消息、別人轉寄的電子郵件，以及電話來猜測。我很珍惜我和任務經理與飛行主任的談話，有

前頁：停靠在國際太空站的奮進號太空梭。這張照片是從聯盟號一架沒有接上太空站的載具上拍攝的。
左頁：測試我的獵鷹太空衣。我在無重力狀態下待了200天之後
長高了幾公分，因此我這件太空衣變緊了。

任何消息他們都會盡量在第一時間讓我們知道，不過我們終究還是只能耐心等待，一方面要有回家的心理準備，另一方面又很高興還可以不用走。最後他們終於決定讓我們在6月11號回去。倒數計時開始。

聯盟號下降艙（CA）幾乎沒有什麼空間，因此我看到要帶回地球的物品清單時非常驚訝。實驗樣本、關鍵設備、硬碟、USB隨身碟，以及國際太空站的環境樣本。我們的聯盟號指揮官安東必須把這麼多東西塞進那個小小的太空艙裡，實在是太令人佩服了。這些東西放進聯盟號之前，都要先用雙層塑膠夾鏈袋裝起來，貼上標籤，用膠帶封好。包裝材料似乎比這些物品本身還要多！我記得太空梭降落前的準備工作十分繁重，但沒想到雖然是搭乘這麼小的聯盟號，要做的事也不少。

**在我的太空旅行中**，攝影一直是很重要的一部分，在最後這幾天我也覺得有壓力應該盡量多拍一點。有一天晚上我又在拍一組日落的縮時攝影，莎曼珊跟我說：「泰瑞，日落你還沒拍夠嗎？」我開玩笑說還沒，因為我還沒拍到完美的日落，搞不好這次拍到的就是！當時我並不知道，我已經拍了超過30萬張照片了。

我也沒有善用太空站上好萊塢等級的「紅龍」（RED Dragon）攝影機。在太空的最後一週，我決定把相機放回架子上，拿出這臺UHD錄影機。紅龍的問題是檔案很大，而我們的下連速度很慢。不過事到如今我已經管不了這麼多，於是開始拍攝各種場景：白天、夜晚、日出、站內組員的日常活動，最後總共拍了1 TB的畫面，嚇壞了我們可憐的休士頓地面小組。這段最後的攝影大爆發，為這次原本就已經很美好的攝影任務畫下了近乎完美的句點。

一切都準備就緒。我們清理了自己的組員宿舍，丟掉不需要的東西，把個人用品打包好，準備送上下一艘天龍號一起返回地球。（當時我們並不知道幾天後又發生一次補給船失事，SpaceX CRS-7在發射時爆炸，這是八個月內的第三次）。我們給接班的組員留下一些驚喜和紙條，給地球上的人打了最後一通電話。那幾天充滿了歡笑與淚水。

**要降落的一個星期前**，我們試穿了獵鷹（Sokol）太空衣，往下漂進我們的聯盟號，把之後的流程預演一遍。這個預演非常必要，因為我們上一次使用聯盟號已經是超過六個月以前的事了。我們也可以趁這個機會試試看座位合不合適。所有的聯盟號座椅都有可以根據個別太空人脊椎調整的靠背，好將著陸時的衝擊降低到可承受的程度。俄羅斯的技術人員做這件事已經超過50年了，熟練得很。這不但是一門科學，也是一門藝術。他們把座位拉高到比我們發射前的身

獵鷹太空衣（Sokol）

「Sokol」是俄文「獵鷹」的意思。獵鷹太空衣是在搭乘聯盟號降落與升空時使用，基本上是壓力衣，以應付不太可能發生的艙內失壓狀況。

262

42／43號遠征期間的4月，
我在推特上發布了這張地球
照片。

高多了幾公分，因為在無重力狀態中的這幾個月，我們就是長高了這麼多。我幾乎坐不進我的位子，在進行這項「契合度測試」時，我的頭已經超出了座位襯裡的頂部。幸好我還是坐得下，要是我變得太高，可能得花很多時間和力氣調整座位。好在我可以剛剛好擠進去。

降落那天時間過得特別慢。我們心裡只想著睡和吃。我們在正常時間起床，下午打個盹，接著熬夜一整晚，直到降落為止。貝絲・特納在我的「紅利食品」中加了一些能量飲料，在這種時候特別有用（還有在太空漫步時）。我下午5點起床，蓄勢待發。我的太空生活就要告一段落，我很訝異自己並不難過，彷彿我打心底知道自己的任務已經完成，所有該做的事都做到了，人生的這個階段已經結束，現在就是該回地球了。

不過，我還有最後一項任務需要完成。我找到了幾分鐘安靜的時間，獨自下到穹頂艙，拍了最後幾張照片。太陽正要落下，我快速打開會讓影像變得非常模糊的遮光門，裝上廣角鏡頭，把光圈調到很小，好拍出「星芒」的效果。拍完這個之後，我看了一下Nikon D4背後的預覽螢幕，看到了我到目前為止拍

**Terry Virts**
@AstroTerry

轉推 37,856
喜歡 37,966

10:58 AM - 28 Feb 2015

過最驚人的照片。我心想，哇，我再也拍不出比這個更好的照片了。這真是我的太空站生涯最棒的結尾。在我看來，我在太空中最重要的工作是攝影，以及和別人分享我在太空中的所見所聞。這真是「好酒沉甕底」的最佳寫照。這是老天爺給的禮物，我會永遠感激在心。

我們告別了三位很棒的組員：傑納迪·伊凡諾維奇·帕達卡是在太空待最久的人，五次任務加起來總計將近三年，各方面都是個很傑出。史考特·凱利和我一樣是美國人，正要展開時間最長的單一次太空任務，共340天。史凱特心態健康，是這項一年任務的不二人選，和他一起飛行非常愉快。我的心理評估小組注意到，凱利在中途加入我們之後，我的心理狀態有了大幅改善。最後還有米凱·伯里梭維奇·寇尼延科，他的宿舍休息位置離我只有半公尺，臉上總是掛著笑容。他和史考特一起進行340天的任務。和這些人道別讓人有些感傷，但我知道很快就可以在地球上見到他們——傑納迪會比較早，晚點是史考特和米

聽聞在《星際爭霸戰》中飾演史巴克的演員李奧納德·尼莫去世，我為了向他致意，拍了一張瓦肯人打招呼的手勢放到推特上，當時我並沒有發現背景就是尼莫的家鄉波士頓。

凱。我們互道珍重，互相擁抱，拍了最後的合照，關上艙口。幾個鐘頭之後我們就會回到地球，感受到重力、氣味、聲響等等將近七個月沒有感受過的東西。

**想像一下你穿上最厚重的雪衣**，坐進車子的後座，裡面所有的空間都塞滿了笨重的裝備和物資，然後你往後躺，把膝蓋頂到胸前，和你最好的兩個朋友肩並肩擠在一起。坐在聯盟號裡就是像這樣。我們從跟747差不多大的太空站，到了像電話亭那麼大的聯盟號。

聯盟號有三個部分：軌道艙（BO）、下降艙（SA）和服務艙（PAO）。BO是我們穿上太空衣的地方，我們的衣服和其他垃圾也留在這裡，讓它在通過大氣層時燒掉，只有當聯盟號安全在軌道上飛行時才能進出。SA非常小，也是唯一會透過降落傘降落在地球上的艙，發射和降落時組員都坐在這裡。服務艙是外掛艙，上面有太陽能板陣列、火箭引擎、燃料和電腦。組員從來不會為了

任何理由去服務艙。重返地球時這三個艙會分開，BO和PAO會在大氣層中燒光，SA在進入大氣層時會啟動防熱板。

第一件事是穿上太空衣。這些太空衣非常貼身，何況我的身體在200天的無重力狀態下已經長高了5公分。這種太空衣的設計是為了讓太空人自行著裝，相反地，穿上太空梭的太空衣就需要旁人協助。但我們一點都不優雅，看起來十分滑稽：三個大人漂浮在空中設法塞進太空衣裡面，過程中一直互相撞來撞去，或是撞上狹窄的牆壁。等我們三個互相完成「夥伴檢查」，確認大家都穿好了，我們才開始在太空中吃下最後一次的點心和飲料，然後下到SA。

最後這些飲料非常重要。我們要好幾個小時才會回到地球，SA艙的空間只能放進一個小水袋。保持身體的水分是降落前最重要的工作，以防止「直立性不耐症」，也就是頭暈。在太空梭飛行時，我們有非常冗長、精細的「補水」規章，透過喝水、運動飲料，以及像雞湯之類的鹹液體，來確保我們回到地球的重力環境時體內有足夠的水分。由於一些誤會，我在著陸前一個小時喝了將近兩倍的流體，覺得膀胱都要爆炸了。但著陸之後我的身體狀況很好，有點頭暈，但身體很舒服。我希望聯盟號可以有類似太空梭的流體規章，但至少我還在BO艙時可以喝點東西。這是我給每一位朋友的建議：假如你有機會從太空回到地球，你的補水量要比建議量多。你會很慶幸有聽我的。

下降艙與軌道艙之間的最後一個艙口終於關上了。感覺上我們似乎有好幾個小時都一直在關艙口，彷彿走進了俄羅斯娃娃，過了好久才終於進到最小的娃娃裡。我繫上安全帶，擠在那裡，膝蓋頂著胸口，穿著銀色的太空衣。我們周圍迴盪著各種正式的技術語言：「選擇INPU按鈕A-2」、「回讀BO艙壓力數據」、「開始獵鷹洩壓測試」。我仍然在漂浮，但根據過去經驗，我知道一旦回到地心引力的範圍，那感覺會非常奇異而強烈。我以後再也沒有機會擺脫地心引力的束縛，所以我全心感受著0 g的最後時刻。看著美麗、巨大、懾人的太空站就在我的窗戶外面，這是人類在太空的前哨站，我過去200天的家，不久就會出現在後視鏡裡了。安東、莎曼珊和我即將經歷人生最暴烈、刺激的一段航程。

**幾個星期前**，史考特・凱利向莎曼珊和我分享了搭乘聯盟號著陸的經歷。我們都聽得很專心。我駕駛過太空梭，但這會是非常不一樣的經驗。太空梭比較大，像客機，重返剖面（reentry profile）非常侷限，是在跑道上進行輕落地。相反地，聯盟號比較像是迪士尼樂園的陶德先生瘋狂大冒險：快速又顛簸，噪音很大，讓人分不清方向，不斷橫衝直撞。但為了讓我們安心，史考特也說重返地球是很酷的體驗，他就是為了再體驗一次而參加一年計畫的。

**重返剖面**

太空梭有機翼，可以用來減緩減速的過程，讓回家的航程平順。聯盟號是太空艙，軌跡傾斜得多，減速度也比較大。

在聯盟號SA下降艙中進行重返地球的訓練。這些座位被調整成比我們上太空前的身體高幾公分,因為在無重力狀態下幾個月後我們都長高了。

穿上太空衣、關上艙口、喝完水袋中的液體，我們已經準備好離開外太空回母星了。聯盟號脫離國際太空站的過程通常是由機載電腦控制，動作非常精確。推進器按照預先設定好的順序點燃，讓聯盟號倒退著離開太空站，接著滾轉90度，從太空站尾部離開。軌道飛行的機制有些奇怪，我們會先減速，往下降，進入新的低軌道之後再加速。這對我這個戰鬥機飛行員來說不是很自然，但我在駕駛太空梭時已經熟悉了這種機制，現在反而覺得體驗這種軌道轉換很神奇：先下降，往尾部移動，最後再加速往前。

　　我們脫離太空站之後繞行地球大約一圈，大戲才登場：脫軌燃燒。在距離我們的降落點哈薩克大約半個地球之外的地方，聯盟號前後翻轉，讓主引擎與火箭朝前。火箭燃燒超過三分鐘，把我們緊緊壓在座位上。接著，引擎倏地關閉（啟動時也是像這麼突然），我們又開始漂浮，並隨著重力緩慢下降進入大氣層，此時已經沒有任何東西能夠阻止我們即將和地球發生的碰撞。就在進入大氣層之前幾分鐘，我們還得進行一個重要的動作，重新調整聯盟號的方位，讓BO和服務艙在一聲巨響之中與SA分離，整架載具一分為三。另外兩個次艙會在非洲上空燒光，不造成任何損害。現在只剩我們這個艙了。我們開始祈禱。接著開始了一陣奇怪的無重力狀態，我們知道這只是暫時的，再過幾分鐘，我們就要置身在人類所能想像最熾烈的恐怖火球之中。

　　重力開始慢慢出現，起初還很難察覺。我開始看到拴繩往下垂，而不是胡亂漂浮，往旁邊或上面伸出去。無重力狀態時，彷彿有個神奇的力量要把我推出椅子，現在這個力量不見了，我又被壓回椅子上。很明顯，我沒有在漂浮了。我的檢核表不再是漂在我面前，我得用到手臂的肌肉才能把它拿到我的頭盔前面細讀，把我們重返地球過程中已經完成的里程碑一一劃掉。

　　這段g值很小的過程比較輕鬆，但很快就過去了。在太空梭上，重力加速度會逐漸增加，直到不算很大的最大值（大約1.5 g）。但聯盟號的軌跡比較像是導彈彈頭，一切都發生得很快。我們的下降角度非常陡，不久就斜切到稀薄的外部大氣，進入密度愈來愈大的空氣中。這表示我們的太空艙承受了更多的減速力，也就是說莎曼珊、安東和我的胸口會感受到巨大的衝擊力。擔任F-16飛行員時，3g和4g對我來說都不算什麼，但這回情況不一樣，因為我已經在無重力狀態下生活了超過半年。

　　我們的訓練官為我們重返重力環境做了充分準備。我學到在承受向心力時，要主動把胸肌和腹肌往外推，好讓肺充氣，身體才能獲得所需的空氣。但沒想到每次呼吸真的都要經過一番掙扎。這股壓迫感非常重，似乎永遠不會停。重力加速度來到峰值之後只維持三到四分鐘，但感覺好像過了一輩子。太空艙的速度以每秒減少30公尺，因此三分鐘後我們的速度已經減慢很多。我們

的軌跡一開始角度很淺，但經過這幾分鐘，太空艙幾乎是垂直下墜。安東從他的顯示板唸出數字，讓莫斯科的地面控制小組確認我們是在正確的重返剖面上，往我們的降落地點前進。

　　隨著我們進入大氣層的深度愈來愈大，原本美麗纖細的藍色帶非常戲劇化地變成火紅色。起初我從窗戶看到的是粉紅色，接著變成橘色，最後是一片火海──橘、紅、棕色互相混雜，四射的火花以不可思議的高速飛過窗外，我們的防熱板每隔幾秒鐘就有不同的地方爆炸。飛越電漿的體驗真是太不可思議了。太空船以每秒幾公里的速度撞上大氣層的分子時，大氣分子會形成電漿。重返時太空船的溫度可能會接近攝氏2000度，我眼睜睜看著我們的防熱板被撕裂、解體。載具底部的防熱板剝落時，火舌竄上來經過窗口──這一切都在計畫之內。在太空梭上，這種電漿尾跡看起來像鬼影，或許極端，但都在控制範圍內。但在聯盟號上，一切都是那麼突然、劇烈，卻又美麗。

　　在這精采的超現實火光秀之後不久，電漿尾跡消失在我們的窗外，重力加速度開始減少，最後穩定地停在1g。這對已經習慣無重力狀態的人來說還是很

重返地球時從聯盟號右側窗戶看出去的景象，由太空人史蒂夫·史旺森（Steve Swanson）拍攝。在這次激烈的下降中，聯盟號的部分防熱板爆炸，產生明亮的火花。

電漿

電漿態是除了我們熟悉的固態、液態和氣態之外，物質的第四態。電漿就像非常熱的氣體，只不過分子都已經離子化，能導電，對磁場的反應比氣體更強。電漿事實上是宇宙中最常見的物質狀態。

大的作用力。電漿尾跡中冒出來之後，我們的高度已經很低了。真的非常低，就在非洲上空。我清楚記得看見非洲大陸的東北部近距離快速飛過。我實在很走運，因為可以看到風景的窗戶就在我這邊，我看見了非洲叢林、裂谷，然後是埃及──接連經過我的窗外。接著我們的太空艙往反方向滾轉，現在是左邊窗戶往下對著地球，輪到莎曼珊有好視野了。

1g飛行相對平穩，以自由落體穿越大氣層，感覺很棒。經歷過最激烈的電漿之後，一切都很平靜，什麼都不用擔心，只要自由往下掉就好。直到……砰！我們三個全都驚呼不已，喊著「羅斯基勾爾基」（rooskiy gorkiy，俄文「雲霄飛車」的意思）。假如史考特沒有在幾個星期前警告過我們的話，我大概以為自己就要死了。但我們已經有了心理準備，所以莎莎、安東和我都很享受這段瘋狂的墜落！這是因為降落傘的減速傘打開，非常突然而激烈，比我能想像的任何雲霄飛車都好玩。我完全不敢相信一個太空艙可以做出這麼大的翻轉，但更精采的還在後頭。接下來是主傘打開，最後則是「重新掛勾」，也就是降落傘的接點快速從太空艙的側面移到頂部。每個階段都帶來新的刺激。我們全都笑成一團，開心極了！我們什麼都不必做，沒有後援或是緊急按鈕需要按，沒有參數要監測，只要享受就好──而且是多麼好玩的享受！史考特說的沒錯，我願意再上太空一次，只為了再玩一次重返地球。

接下來的幾分鐘，我們在主降落傘底下平緩地漂浮，非常輕鬆。可以感覺到太空艙在傘下微微搖晃，聽見遠方的救援小組平靜的無線電對話，喊著我們的高度，以及俄羅斯救援無線電信標的嗶嗶聲。接著轟地一聲！我們的座位被「抽」（stroke）了──這是NASA的術語，指把我們的座椅往控制板方向拉高，讓我們在著地時，減震器有更多壓縮空間。我現在完全是被擠在駕駛艙裡，旁邊就是儀表板，就像我的汽車座椅調到非常貼近方向盤那樣。我的手腳緊貼著牆壁，完全沒辦法伸腿，膝蓋貼在胸前。我的身體被緊緊地綁在位子上，完全無法動彈。這大概是我一生中幽閉恐懼感最強的時候了。

我縮在一顆球裡，完全無能為力。我可以慌張地縮在這顆球裡，也可以不慌張地縮在這裡。我選擇了「不慌張」路線（或許是因為這一直是我們在42號遠征期間的座右銘，向道格拉斯・亞當斯的《銀河便車指南》致意）。我們繼續下降，準備與地面會合。膝蓋貼在胸前，控制板在我面前，手臂頂著牆。雙手合十。

**我們大概知道自己的高度**，但誤差大約有100公尺，因為機上的高度儀不是很精確。而且我們還無法用目測來矯正這個誤差，因為我們沒辦法坐起來往窗外看。在撞擊的那一刻我們必須待在座位上。所以我按兵不動，手臂交叉在胸

我們繼續下降，準備與地面會合。

膝蓋貼在胸前，控制板在我面前，手臂頂著牆。

雙手合十。

前，手上拿著無線電發報器，檢核表嵌在我肚子上。我開始等待。靜靜地過了幾分鐘。接著撞擊來了。一聲砰然巨響，「輕落地」（soft landing）火箭點燃（這東西應該改名叫「比車禍好一點火箭」），我們這艘5000公斤的太空艙碰觸到哈薩克的乾草原。艙裡所有的東西都往左傾，一陣急停之後完全靜止。沒有任何動靜。我們的太空艙重重地撞上地球，整個翻過來，最後直挺挺地停住──聯盟號很少出現這個角度。我們乘著太空艙，完成了人類最危險的動作之一，也是測試員所能辦到的最複雜驚人的飛行剖面之一。我從外太空回到了地球。我撐過了熾熱的電漿。我們的聯盟號航行過整個地球表面，在這個偏僻的地理位置降落。我們成功了！

　　每個太空人對於降落後的那幾分鐘或幾小時，各有不同的感受。有些人胃腸很不舒服，有些人的肚子什麼事都沒有。我不確定是否可以從某些徵兆看出誰是前者、誰是後者，甚至是會有什麼反應。有些太空人會有肌力和骨骼方面的問題。有些人會暈船，有些人沒事。在太空站上最

就算是很小的東西，要送上聯盟號回到地球都需要很多包裝。我們的聯盟號指揮官安東得把這些東西拼命往SA降落艙的角落和縫隙裡塞。

常運動的人，也是生理反應最好的。我很幸運從來沒有肌肉酸痛或是背痛。幾天後在休士頓我甚至可以做20個引體向上。不過頭暈就是另一回事了。我認識的每個在太空待過長時間的太空人，回到地球後每個人多少都覺得平衡感變差。

　　我在兩次太空飛行之後都覺得十分暈眩。太空梭降落之後一兩個小時，我們組員繞著奮進號走一圈，檢視著這艘剛剛帶我們離開太空的神奇機器。我請一位太空人走在我旁邊，免我開始走得跌跌撞撞。結束太空站任務後，這種感

覺更強烈、也持續更久。等著爬出聯盟號時，我能夠轉頭從我這邊的窗戶看出去。當時覺得沒事，但等到最後輪到我爬出太空艙時，我先滑到中間的座位，再用自己的力量爬出去，這時整個世界開始天旋地轉。我一爬出太空艙，就被抬到一張椅子上休息一會兒，接著被移到醫療帳。這是標準程序。我是可以自己走，但為了安全起見，我需要旁邊有個人或是扶手。回到地球之後，前24個小時都在頭暈中度過。

老實說我很意外自己恢復得這麼快。雖然移動確實讓我覺得暈眩，但在無重力狀態下待了這麼久，我的身體居然還能正常運作，所有事情都能自理。飛了24個鐘頭、中間在蘇格蘭和緬因州暫停之後，我終於回到了休士頓。我先是短暫地和家人朋友以及NASA的同事重聚，隨即展開第一個復健療程：去健身房一個半小時。我的身體開始一點一滴地重新適應地球。我們安全降落了。我的太空人兄弟姊妹，安東和莎曼珊，也在經歷了這趟最難以想像的冒險之後，安全回到地球。當了200天的太空人，現在我又是地球人了。

我兒子滿16歲的時候我還在太空站上，而且已經拿到駕照，所以他想跟我一起做的第一件事，就是去買車。隔天我們開車載女兒去參加幾個鐘頭車程之外的夏令營。對我來說，這些日常生活的簡單活動實在棒極了。我已經回到家，又開始當爸爸了。　■

莎曼珊在我們回來之後，享受著地球上最簡單的快樂。

剛回到地球時，重力感覺起來真是強大！莎曼珊、安東和我正在休息，準備待會兒接受醫療檢查。我們的聯盟號太空船降落在哈薩克傑茲卡茲甘（Zhezqazghan）附近的乾草原。

聯盟號降落。右頁上圖起逆時針方向：我們在主傘底下往下飄；「輕落地」火箭點燃的罕見畫面；我們的太空艙在直立之前先滾了一圈。

我們的返家之旅一開始乘坐
聯盟號太空艙，接著搭上圖
中的俄羅斯空軍Mi-8直升機
兩小時，最後再乘坐20多小
時的飛機回到休士頓。

我最後一個爬出聯盟號太空
艙。在無重力狀態下待了超
過半年之後，我的身體恢復
的很快，但回到地球的第一
天我頭暈得很厲害。

右頁上圖起順時針：莎曼珊、安東和我在降落後不久打了第一通電話。每次穿太空梭的太空衣或是聯盟號的太空衣，我的下巴都會被頭盔邊緣擦傷。

我們的聯盟號航行過整個地球表面，
在這個偏僻的地理位置降落。我們成功了！

上圖：為聯盟號降落而搭建的醫療帳，醫師在帳內等待太空人。
右頁：俄羅斯支援小組準備把我們撤出太空艙。大多數太空艙都降落在俄羅斯境內，
這樣比較省事。我們的艙落地後是直立的，所以需要特殊的梯子和健壯的地面人員協助我們爬出來。

奮進號的飛行甲板。我的駕駛座在右邊。太空梭的重返與降落和聯盟號非常不一樣,平穩溫和多了。

# 返抵家園

**很多方面而言**，重新適應地球生活很像適應太空生活，只不過是反過來。兩者都有瞬間發生的狀況，如發射後失重，或是在地球上著陸。身體會有一兩天失去平衡，但很快又會重新適應，找回良好的狀態。第一次太空任務時，我的前庭系統在太空中的第三天終於穩定下來。兩次重返地球之後的恢復時間也差不多，第三天我就幾乎完全正常了。

文我（以及多數太空人）回到地球之後主要的症狀是暈眩。但這種暈眩不只是生理上的，情緒上也覺得有點應付不來。兩次的太空飛行我都一直要到第二天，才覺得真的回到了地球。過完國際太空站的幾個月回來，有一個時刻我的記憶特別鮮明。那是我回到休士頓的第一天，我在NASA一號公路上開著車，突然覺得這一切都很正常，彷彿我從來沒有離開家一樣。我原本以為需要花上幾個星期、甚至幾個月，才會有回到家的感覺，不再想念太空。結果，儘管我在太空中待了200多個繞著地球跑的日子，但回家之後才幾個小時，我在心理上就已經重新適應了地球生活，那些太空的日子已經成了遙遠的記憶。

**回到地球之後**，我的行程每分鐘、每小時都排得滿滿的。由於聯盟號落地的方向是朝上，組員很難從艙裡出來，因為我們要靠自己的肌力爬上來。終於爬出來以後，我們各自被放到一張像大沙發的椅子上休息，讓我們的心血管功能重新開始在地球引力下運作。我們也趁這時候打衛星電話回家——這地方是哈薩克的乾草原，太空船還在旁邊冒煙，周圍是一群俄羅斯醫療人員、軍隊和NASA的飛行醫師。那個時刻的一切都是那麼地獨特、奇怪、美妙、難忘，這些感覺是同時出現，全部混在一起。

不久我就被送進醫療帳做基本檢驗，這個時候我已經很不舒服。我沒有吐，但就是很暈。我想要喝運動飲料，不過現場沒有。一直到降落之後幾個鐘頭到了機場，我才在機場的點心攤買了果汁。然後我們坐上一架俄羅斯Mi-8直

從T-38教練機駕駛艙看到的美麗落日。我向來喜歡拍攝落日，但在飛機上和太空中看到的落日還是不一樣。

升機，飛了幾個鐘頭到卡拉干迪（Karagandy）機場，轉搭我們的NASA G-III噴射機，繼續前往休士頓，全程24小時。

**毫無疑問**，太空旅行會改變一個人的看法。我完成第一次太空任務之後，乘坐奮進號太空梭回到地球，不到幾個鐘頭就完成了所有飛行後醫學檢驗、與NASA管理階層會晤、和家人重聚。最後，我一個人待在甘迺迪太空中心太空人宿舍的房間裡，筋疲力竭，準備上床睡覺。我做了一件所有出差的人回到旅館都會做的事：打開電視。畫面立刻出現典型的有線電視新聞：發生了這個那個，大家都驚呆了，諸如此類。運動競賽的比分。誇張的廣告。

不到一分鐘我就把電視關了。我的身體好像在抗拒這些資訊進入，好像在抵擋血型不合的捐贈器官一樣。這些噪音和我完全格格不入，或許應該說，是和這個新的我格格不入。不到幾個鐘頭前，我還在繞行地球，從太空中看著我們的行星，駕駛人類建造過最神奇的機器，和最頂尖的一群人共事。而現在，

回到我的故鄉巴爾的摩之後，我在康登園區為紅襪隊和金鶯隊比賽的開球儀式投出象徵性的第一球。在家人朋友面前擔心投出挖地瓜球的壓力，比在太空中工作還要大。結果我投了好球。

在我的房間裡，我正在看所謂的新聞──經歷過了這一切，我已經無法把這些東西當一回事了。我的世界觀已經徹底改變了。

目前為止最大的變化──也是我永遠會用最感激的心情看待的──是縱觀全局的視野。這個影響會跟著我一輩子。每當我感受到現代生活的壓力、為了小事而緊張，或是擔心未來的時候，我就會想起我在太空站的時光，重新看著太陽落下，聽見EVA時神對我說的話；或是看著銀河系從地平線升起，看著每秒鐘幾百次的閃電海，或是重新在無重力狀態下漂浮。當我在心中回到那裡，領悟到這樣美麗的日落從前已經出現過幾十億次，未來還會繼續出現，世俗的煩惱似乎都不再那麼急迫了。這真的印證了〈馬太福音〉上的話：「不要為明天憂慮，明天自有明天的憂慮。」以這樣的態度，在地球上的每一天就會過得好多了！

我在地球上的生活節奏很快建立起來。我的NASA行程安排官讓我整天做各種醫學檢驗：平衡感、血液、敏捷度與肌力、腦部核磁共振、骨密度掃描、背肌核磁共振、超音波、

堪察加半島的奇異火山群彷彿一片異世界，我一定要去
探索一下。還有壯麗的紅色澳洲內陸，太平洋上的不知
名小島，巴塔哥尼亞的美麗藍冰湖。

眼部檢查、駕駛能力測試——全都是為了分析在太空中那幾個月對我的身體與
能力的影響。不只如此，我還要和各個系統的教練官匯報任務的每一個層面，
參加公關活動、接受訪談、飛到俄羅斯和歐洲與我們的國際夥伴匯報。俄羅斯
星城甚至還辦了一場以我們為名的小遊行！我們前往美國各地的NASA中心，像
員工介紹我們的太空任務，談論每個中心對國際太空站的特殊貢獻，接著造訪
華盛頓特區，與20位參議員和美國代表會晤，討論太空站與太空政策。我也和
東尼・邁爾斯努力製作《美麗星球》，擔任旁白、幫忙選擇場景。飛行之後的
那六個月似乎比飛行本身還要忙。這段下機後的時期結束之後，我真想好好放
個假！我最懷念的是攝影。我在太空中已經習慣了有一整排全世界最好的相機
和攝影機可以用，還有最棒的拍攝主題——但現在我得用iPhone努力找點有趣
的東西來拍（還有放到推特上）。我的NASA T-38噴射機也提供不少拍照的好
機會，但畢竟不是太空站的穹頂艙……

**回到地球上**我還得面對另一個基本又實際的問題。現在我想去的地方已經太多
了！我向來喜歡冒險，從小就愛旅行，高中時在芬蘭當交換學生，在法國空軍
學院待了一個學期，住過亞洲、歐洲和中東。八年級時大家問我長大後想當什
麼，我的回答是「美國國務卿」。而今，從太空中看過這個星球之後，我有一
串完全不一樣的夢想旅遊清單。加勒比海和巴哈馬群島的水藍與土耳其藍實在
太美了，我迫不及待想要在那裡的沙灘上躺一躺。我想親眼瞧瞧納米比亞的沙
漠沙丘。堪察加半島的奇異火山群彷彿一片異世界，我一定要去探索一下。還
有壯麗的紅色澳洲內陸，太平洋上的不知名小島，巴塔哥尼亞的美麗藍冰湖，
亞馬遜的雨林。綿延數千公里的白色西伯利亞與壯觀的貝加爾湖。看起來沒有
人能夠穿越的阿拉伯沙漠，像魔戒中土的紐西蘭。太空飛行給了我很多恩賜，
但也附帶了一個詛咒：旅遊清單永遠列不完。不過要是能把清單上的項目一個
一個槓掉，一定很棒！

**未來的太空探索會怎麼樣？**阿波羅計畫太空人尤金・賽爾南（Gene Cernan）
最近過世，大家回憶他的一生時，有個主題一直重複出現：「我不敢相信我們
還沒有回去月球！」但我開始明白：探索宇宙並不是上帝賦予我們的權利，重

返月球或前往火星也是一樣。這不是理所當然的，也不是什麼「天命」的展現。我們之所以上了月球，唯一的理由是當時美國全國上下都有這個決心，而且把資源挹注到這個計畫裡，發展出策略和架構，遇到困難的時候仍然堅持下去。上述這些只要有一件事沒做到，我們就永遠上不了月球，或是火星、小行星，任何地方都一樣。言語上的宣示是很重要，但只是嘴上說著要去旅行，並不代表你真的會去旅行。

假如可以再讓我多說一兩段話，我想談談我對未來人類探索太空的看法。我承認火星是人類21世紀的目標。有很多理由可以說明火星是合理的選擇。火星的一天是24.5小時，相較之下，月球是兩週的白晝和兩週的黑夜，對人類的生理時鐘非常不友善。火星在很多方面都比月球更像地球：它的重力是月球的兩倍，離太陽較遠因此輻射風險較低；它曾經有過液態海洋，目前兩極的冰冠仍有水冰（月球在永久陰影區的撞擊坑裡可能會有一些水冰，但取得這些水冰的花費極高）；它有稀薄的二氧化碳大氣層，可用來製造可供呼吸的空氣和火箭燃料。假如我們想要在太陽系中為人類找一個新家，火星比月球適合多了。

月球當然也有勝出的地方。和火星相比，它與地球的距離近了幾百倍，是作為火星任務訓練場的絕佳地點。幾十年後，第一批前往火星的太空人在點燃火箭引擎的那一刻，就無法回頭了，這一趟出去，至少要好幾個月、甚至好幾年後才能回到地球，所以他們必須為各種緊急狀況做好準備。而月球只有幾天的航程。每個試飛員都知道，開發新飛機一定要用漸進的方法。同理，未來的太空人可以利用國際太空站和月球作為首次前進火星的測試基地。最重要的是，我們必須在兩種主要架構中選擇其一：為期三年、運用傳統火箭的「慢船」任務，或是使用進階電子推進引擎、為期三到九個月的「快捷」任務。這個問題需要另一本書來討論（順帶一提，快捷任務才是正確答案）。

無論我們最後選擇的目的地或者架構是什麼，除非我們能想出一個有大眾支持、有經費、能撐過好幾任總統任期的計畫，否則一切都不可能發生。我們可以參考一個成功解決這

當過太空人的壞處之一，是想去的地方實在是太多了。有個我很想去的地方是俄羅斯的堪察加半島，上面有座一直在噴發的火山。

個問題的絕佳例子：國際太空站。 眾所周知在1993年，國際太空站以216票對215票，一票之差逃過了美國國會的預算刪減方案。原因只有一個：這是跨國計畫。如果這純粹是國內計畫，要刪預算就容易多了。但因為我們已經向國際社會承諾了美國不會退出，國會才把這項預算案救下來。所有的月球或火星計畫都應該採取這樣的模式。我們需要願意付出、可以真正扮演有意義的角色的國際夥伴，和我們一起在這個艱難的道路上推動任務成功。若可以善用這個策略，不出幾個登月紀念日我們就可以重返月球，再藉此前進火星。

**太空探索的未來**對我來說永遠是一件重要的事，但我和這些任務的關係也在改變。在國際太空站待了這麼久之後，我面臨一個很實際的問題：我的職業生涯下一步是什麼？著陸不久後我評估了各種可能性，有些輪廓開始清晰起來。首先，NASA短期之內不會回到月球或前往火星，假如我留下來等待下一次上太空，會等上很久，可能要等超過五年，然後又是回國際太空站，做那些我已經做過兩次的事。所以我決定不再留著等候上太空的機會，有更年輕的太空人需要這個經驗，我也有其他想做的事。這個決定對任何一位太空人來說都不容易，但在NASA待了16年之後，我決定這個時候離開是最好的。

假如我小時候有人跟我說我有一天會上太空，我一定會開心得不得了。能有這樣的榮幸駕駛過太空梭，還能在第二次的長期任務中擔任國際太空站的指揮官，在站外進行太空漫步，已經不是超現實所能形容。我見過、也經歷過只有少數人類才有的體驗。現在輪到我帶著從太空看地球的回憶，把這場冒險分享出去，把我們探索太空的努力進一步傳遞下去。 ∎

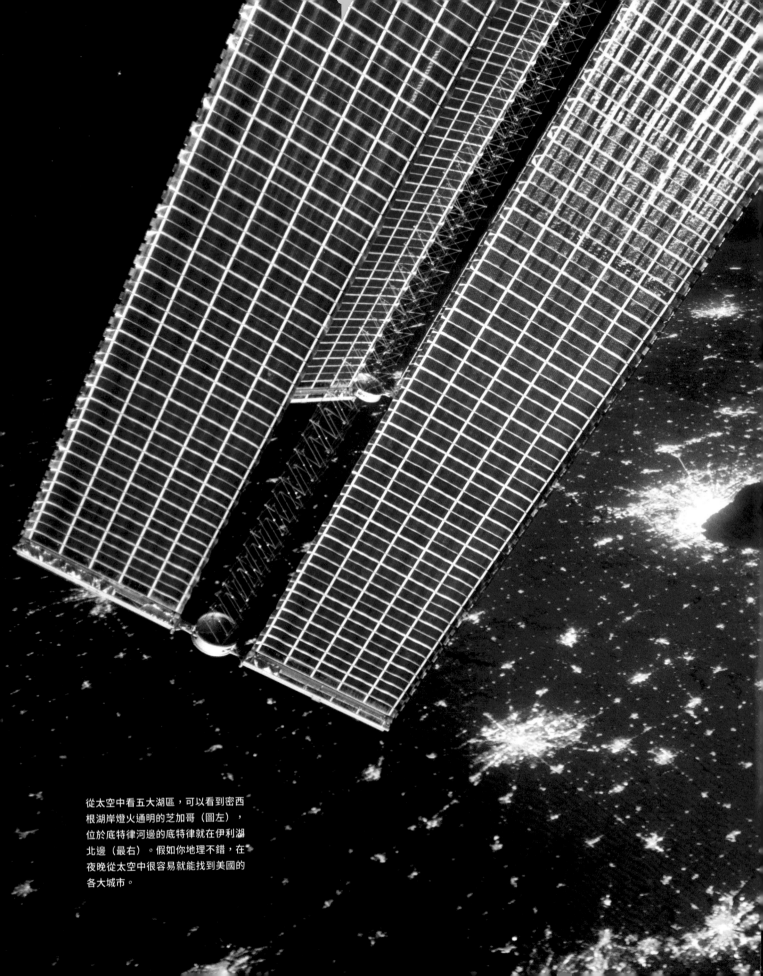

從太空中看五大湖區,可以看到密西根湖岸燈火通明的芝加哥(圖左),位於底特律河邊的底特律就在伊利湖北邊(最右)。假如你地理不錯,在夜晚從太空中很容易就能找到美國的各大城市。

晨曦的顏色如粉彩一般，莫內看了一定會嫉妒。這些顏色讓我想起莫內在一天中不同的時刻、不同的光線條件下畫出的〈盧昂大教堂〉系列畫作。

最後一次離開太空前的幾個
小時，我來到穹頂艙拍了最
後幾張照片。拍完這張之
後，我看著相機背後的螢幕
說：「就這樣，不拍了，我
再也拍不到比這張更好的照
片了。」拍了超過30萬張照
片之後，最好的一張終於在
最後出現。

## 這 本 書 獻 給 我 的 家 人

有人能夠真正了解你們所承受的犧牲、壓力與困難。一切榮耀全歸給太空人，至於家人與有榮焉的時候不多，多年來需要擔心受怕的情況卻不少。沒有你們的耐心，我們就不可能去從事這項重要、精采的工作。我要特別感謝我的女兒史蒂芬妮，她是我所知道最有才華的作家和藝術家，也協助我做了這本書的部分編輯工作。

剛開始準備這本書的時候，我很想當唯一的作者——沒有寫手代筆，或是「泰瑞·維爾茲與某某某著」。只是這件事對我這個喜歡科學和數學、英文成績平平的孩子來說，實在是個不可能的任務。但因為國家地理這兩位優秀的編輯，Susan Hitchcock和Michelle Cassidy，我還是辦到了！我的圖片編輯與美術設計Kate Carroll和David Whitmore也很了不起，從我給他們的無數照片中挑出了書上這些。最後，Olivia Garnett幫我在短短幾天之內寫出了超過300則圖說。

我總是說，我寧願運氣好而不是能力好。我很幸運可以跟這些組員一起飛行。STS-130和42／43號遠征的夥伴們，你們最棒了！這本書裡大部分的照片是我拍攝的，但也有很多是我的組員拍的。國家地理花了很多心力標明每張照片的出處，不過假如有漏標的，我在這裡聲明都是我的組員拍的。另外，書上寫的是我的故事，大部分來自我的回憶。文字敘述上要是有任何錯誤都是我的責任。

在NASA工作16年，最棒的是和我一起工作的人。首先我得感謝數百位教練官、飛行醫師、語言教練、公關專家，以及指導我、訓練我、在困難時期支持我走過的多位祕書。不只是NASA，還有俄羅斯、歐洲、日本還有加拿大的人員。

任務控制中心緊盯著我們在太空的每一分鐘。我對我的飛行主任、控制員以及CAPCOM不足以表達我的感激，我能活著回來都是因為他們的謹慎。

近來，Dylan Mathis、Mitch Youts、Ana Guzman、Maura White、Mary Wilkerson、Lisa Vanderbloemen以及其他來自JSC Photo/TV小組的成員，都在各方面幫了很多忙。可以和專業攝影師一起工作是我擔任太空人最喜歡的事情之一。還要感謝Trina Willoughby、Steve Berenzweig、Paul Reichert和Olga Loukanova教我如何這些厲害的設備。

我在太空飛行時最重要的工作是協助製作《美麗星球》電影，因為透過電影可以讓太空飛

行的經驗觸及到世界各地的好幾百萬人。東尼‧邁爾斯、James Neihouse以及March Ivins真是太優秀了。

無論你覺得自己擅長什麼，到了太空人辦公室，你就會知道還有人比你厲害得多。這個辦公室裡全是聰明人，其中最聰明的大概是唐‧佩蒂特，他也是非常傑出的太空攝影師，多年來指導我各種細節。他最近出版的著作《Spaceborne》非常精彩。

等我老了，我會坐在安養院裡，觀賞我在太空時我女兒拍攝的廣告短片，〈給太空的訊息〉。現代汽車的創意人員努力走過NASA官僚制度的各種困難與陷阱，讓這支廣告短片審核通過並獲准拍攝——全世界7000多萬人都感謝你們！

我的下一段生涯將會是盡量與更多人分享我的經歷，我的經紀人Christina Korp正在幫我實現這件事。我會認識Christina，是因為她也是我的好友與偶像巴茲‧艾德林的經紀人。Christina對於接手另一位太空人的經紀工作有點猶豫（經紀巴茲‧艾德林就已經夠忙了！），但她看完《美麗星球》之後就一口答應。謝謝妳相信我，Xtina！巴茲，謝謝你在這麼多年前啟發了一個幼稚園小朋友。我們今天在太空中做的事，都得感謝你和你的NASA團隊最初的努力。

最後、也是最重要的，我要感謝上帝容許我這個非常容易犯錯的人類得以瞥見祂的創造物，那是我永遠無法想像，文字和照片都無法及於萬一的景象。我何德何能有這樣的機會看到這些，但我希望能為地球上想知道人類在宇宙中的位置的千百萬人，捕捉到其中的一小部分。這句話總結了一切：「起初上帝創造天地……」（創世紀1:1）。

## 本書作者

**泰瑞・維爾茲（Terry Virts）** 畢業於美國空軍學院，獲得安柏瑞德航空大學的航空科學碩士學位。曾擔任美國空軍測試飛行員，於2000年加入NASA成為太空人。任職NASA期間，他在STS-130任務中駕駛太空梭奮進號，2015年在42及43號遠征期間擔任國際太空站的指揮官。他拍攝的影片曾用於IMAX電影《美麗星球》。維爾茲2016年自NASA退休，現居德州休士頓。

## 序言撰文

**巴茲・艾德林（Buzz Aldrin）** 在1963年到1971年擔任NASA太空人。他最為人熟知的事蹟是在阿波羅十一號任務中，和尼爾・阿姆斯壯共同成為最早踏上月球的人類。擁有MIT博士學位，韓戰期間擔任戰鬥機飛行員，因戰功傑出獲頒傑出飛行十字勳章，並因在探索月球上的貢獻獲頒總統自由獎章以及國會金質獎章。從NASA和美國空軍退休後，艾德林繼續發揮他的影響力，在國際間提倡太空科學與行星際探索。曾出版四本非文學著作，包括《前進火星：尋找人類文明的下一個棲息地》（大石國際文化，2014年出版），以及兩本科學／科幻小說和三本童書。

# 圖片版權

除下列已註明者外，本書所有圖片版權皆屬Terry Virts/NASA，或由Terry Virts提供：

Back cover (UP RT), Barry Wilmore/NASA; (LO RT), Samantha Cristoforetti/NASA; back flap, Bill Stafford/NASA; 14-15, Barry Wilmore/NASA; 25, Bill Stafford/NASA; 26-7 (all), NASA; 30 (both), NASA; 31 (UP LE), Bill Stafford/NASA; 31 (LO LE), Bill Stafford/NASA; 32-3 (all), Barry Wilmore/NASA; 38, NASA; 41, Robert Markowitz/NASA/JSC; 42, James Vernacotola; 47, ESA-Stephane Corvaja; 49, NASA; 50-51, Kim Shiflett/NASA; 52-3, Bill Ingalls/NASA; 54-5, Sandra Joseph and Kevin O'Connell/NASA; 56-7, NASA; 58, NASA; 62-3, Barry Wilmore/NASA; 65, Barry Wilmore/NASA; 66-7, NASA; 70-71, Samantha Cristoforetti/NASA; 72, Samantha Cristoforetti/NASA; 74, Samantha Cristoforetti/NASA; 80, Samantha Cristoforetti/NASA; 82, NASA; 86-7, Barry Wilmore/NASA; 90, NASA; 91, NASA; 94-5, Samantha Cristoforetti/NASA; 96-7, Samantha Cristoforetti/NASA; 98-9, Samantha Cristoforetti/NASA; 106-107, Barry Wilmore/NASA; 108-109, Samantha Cristoforetti/NASA; 111, Samantha Cristoforetti/NASA; 113, NASA; 116-17, Barry Wilmore/NASA; 118-19 (all), Barry Wilmore/NASA; 122, Barry Wilmore/NASA; 123, NASA; 128, Samantha Cristoforetti/NASA; 130, Samantha Cristoforetti/NASA; 131, NASA; 132, Samantha Cristoforetti/NASA; 140, Samantha Cristoforetti/NASA; 142-3, ESA/CNES/ARIANESPACE–Optique Video du CSG, P. Baudon; 146, SpaceX; 147, SpaceX; 148-9, Samantha Cristoforetti/NASA; 150-51, SpaceX; 154, NASA; 157, NASA; 162, NASA; 163, NASA; 166-7, Barry Wilmore/NASA; 176, NASA; 177, Samantha Cristoforetti/NASA; 178-9, Samantha Cristoforetti/NASA; 182, Samantha Cristoforetti/NASA; 184, Barry Wilmore/NASA; 192, Samantha Cristoforetti/NASA; 194-5, Samantha Cristoforetti/NASA; 200-201, Samantha Cristoforetti/NASA; 206, Samantha Cristoforetti/NASA; 211, Samantha Cristoforetti/NASA; 216, NASA; 217, Barry Wilmore/NASA; 218, Samantha Cristoforetti/NASA; 220, Samantha Cristoforetti/NASA; 223, Samantha Cristoforetti/NASA; 228-9, Barry Wilmore/NASA; 232-3, Barry Wilmore/NASA; 236, Scott Kelly/NASA; 238, Samantha Cristoforetti/NASA; 241, NASA; 246-7 (all), NASA; 248-9, Barry Wilmore/NASA; 250-51, Samantha Cristoforetti/NASA; 254, Samantha Cristoforetti/NASA; 255, NASA; 258-9, Paolo Nespoli/NASA; 260, Samantha Cristoforetti/NASA; 264 (UP), NASA; 266-7, Samantha Cristoforetti/NASA; 272, ESA-Stephane Corvaja; 274-85 (all), Bill Ingalls/NASA; 286-7, Ben Cooper/LaunchPhotography.com; 290, Joel Kowsky/NASA; 294-5, Barry Wilmore/NASA.

# 俯視藍色星球

作　　者：泰瑞・維爾茲
翻　　譯：周如怡
主　　編：黃正綱
資深編輯：魏靖儀
美術編輯：余　瑄
行政編輯：吳怡慧

發 行 人：熊曉鴿
總 編 輯：李永適
印務經理：蔡佩欣
圖書企畫：黃韻霖、陳俞初
出 版 者：大石國際文化有限公司
地　　址：台北市內湖區堤頂大道二段181 號3 樓
電　　話：（02）8797-1758
傳　　真：（02）8797-1756
印　　刷：群鋒企業有限公司
2019年（民108）4月初版
定價：新臺幣 800 元 ／ 港幣 267元
本書正體中文版由 National Geographic Partners, LLC
授權大石國際文化有限公司出版
版權所有，翻印必究
ISBN： 978-957-8722-47-7(精裝)
＊ 本書如有破損、缺頁、裝訂錯誤，
請寄回本公司更換

總 代 理：大和書報圖書股份有限公司
地　　址：新北市新莊區五工五路2 號
電　　話：（02）8990-2588
傳　　真：（02）2299-7900

國家圖書館出版品預行編目（CIP）資料

俯視藍色星球：一位NASA太空人的400公里高空攝影紀實
泰瑞・維爾茲(Terry Virts)作；周如怡翻譯 --初版 --臺北市
大石國際文化, 民108.04
304頁 ; 21.5 × 26公分
譯自：View from above : an astronaut photographs
the world
ISBN 978-957-8722-47-7(精裝)
1.天文攝影 2.太空攝影 3.攝影集

322.3　　　　　　　　　　　　　　　108004417

Copyright © 2017 Terry Virts.
Copyright © 2017 National Geographic Partners, LLC
Copyright Complex Chinese edition © 2019 National Geographic Partners, LLC
All rights reserved. Reproduction of the whole or any part of the contents without written permission from the publisher is prohibited.

NATIONAL GEOGRAPHIC and Yellow Border Design are trademarks of the National Geographic Society, used under license.